KB213446

데카르트가 들려주는 좌표 이야기

김승태 지음

NEW
수학자가 들려주는
수학 이야기
22

데카르트가
들려주는
좌표 이야기

|주|자음과모음

추천사

수학자라는 거인의 어깨 위에서 보다 멀리, 보다 넓게 바라보는 수학의 세계!

수학 교과서는 대개 '결과'로서의 수학을 연역적으로 제시하는 경향이 강하기 때문에 학생들은 수학이 끊임없이 진화해 왔다고 생각하기 어렵습니다. 그렇지만 수학의 역사는 하나의 문제가 등장하고 그에 대해 많은 수학자가 고심하고 이를 해결하는 가운데 새로운 아이디어가 출현해 온 역동적인 과정입니다.

〈NEW 수학자가 들려주는 수학 이야기〉는 수학 주제들의 발생 과정을 수학자들의 목소리를 통해 친근하게 이야기 형식으로 들려주기 때문에 학생들이 수학을 '과거 완료형'이 아닌 '현재 진행형'으로 인식하는 데 도움이 될 것입니다.

학생들이 수학을 어려워하는 요인 중의 하나는 '추상성'이 강한 수학적 사고의 특성과 '구체성'을 선호하는 학생의 사고 사이에 존재하는 간극이며, 이런 간극을 줄이기 위해서 수학의 추상성을 희석시키고 수학 개념과 원리의 설명에 구체성을 부여하는 것이 필요합니다.

〈NEW 수학자가 들려주는 수학 이야기〉는 수학 교과서의 내용을 생동감 있게 재구성함으로써 추상적인 수학을 구체성을 갖는 수학으로 변모시키고 있습니다. 또한 중간중간에 곁들여진 수학자들의 에피소드는 자칫 무료해지기 쉬운 수학 공부에 윤활유 역할을 해 줄 것입니다.

〈NEW 수학자가 들려주는 수학 이야기〉의 구성을 보면 우선 수학자의 업적을 개략적으로 소개하고, 6~9개의 강의를 통해 수학 내적 세계와 외적 세계, 교실 안과 밖을 넘나들며 수학 개념과 원리를 소개한 후 마지막으로 강의에서 다룬 내용을 정리합니다.

이런 책의 흐름을 따라 읽다 보면 각각의 도서가 다루고 있는 주제에 대한 전체적이고 통합적인 이해가 가능하도록 구성되어 있습니다. 〈NEW 수학자가 들려주는 수학 이야기〉는 학교 수학 교과 과정과 긴밀하게 맞물려 있으며, 전체 시리즈를 통해 학교 수학의 많은 내용들을 다룹니다. 따라서 〈NEW 수학자가 들려주는 수학 이야기〉를 학교 수학 공부와 병행하면서 읽는다면 교과서 내용의 소화 흡수를 도울 수 있는 효소 역할을 할 것입니다.

뉴턴이 'On the shoulders of giants'라는 표현을 썼던 것처럼, 수학자라는 거인의 어깨 위에서는 보다 멀리, 넓게 바라볼 수 있습니다. 학생들이 〈NEW 수학자가 들려주는 수학 이야기〉를 읽으면서 각 수학자의 어깨 위에서 보다 수월하게 수학의 세계를 내다보는 기회를 갖기를 바랍니다.

홍익대학교 수학교육과 교수 | 《수학 콘서트》 저자 박경미

책머리에

세상 진리를 수학으로 꿰뚫어 보는 맛
그 맛을 경험시켜주는 '좌표' 이야기

이 책의 주인공은 우리에게 너무도 많이 알려진 데카르트라는 수학자입니다. 그의 천재성은 중고등학교 수학 교과서에서 두루 살펴볼 수 있습니다.

수학 교과서를 펴 보면 아시겠지만 좌표평면 위에 모든 그래프가 다 표현되어 있습니다. 즉, 좌표평면 없이는 도형을 계산하기 힘들다고 해도 과언이 아닙니다. 이러한 모든 수학 분야의 감초와 같은 좌표평면은 데카르트가 군대에 있을 때 막사 천장에 붙은 파리의 위치를 나타내기 위해 만들어졌다고 하니, 매우 흥미로운 이야깃거리입니다. 그러나 이런 우연도 그냥 생겨나는 것이 아닙니다. 우리가 평소에 뭔가에 몰두하고 열심히 할 때 대단한 발견은 우연을 가장하여 나타나는 것입니다. 뉴턴의 사과처럼 말이지요.

데카르트가 우연히 발견했다고 하는 좌표평면에 대해서 여러분도 이 책을 통해 알아가는 시간을 가져 보세요. 알면 알수록 좌표평면이 수학에서 차지하는 비중이 매우 크다는 것을 느끼게 될 것입니다. 또한 여러분도 뭔가를 열심히 할 때 반드시 아, 하고 깨닫는 즐거움을 가지게 될 것입니다.

김승태

차례

1 이 책은 달라요

《데카르트가 들려주는 좌표 이야기》는 좌표평면을 만들어 낸 수학자 데카르트가 들려주는 좌표에 대한 이야기책입니다. 좌표평면을 이용하여 기하학도형의 문제를 대수적인 방법방정식으로 해결하는 아이디어를 처음으로 생각해낸 수학자가 바로 데카르트입니다. 그가 다시 책 속에서 살아납니다. 우리 학생들의 수학 교과서에 나오는 수학의 좌표 부분을 마치 옆에서 말해주듯이 설명하고 있습니다. 거기에 보조출연으로 거미줄로 좌표평면을 만드는 스파이더맨과 순서쌍의 점을 총을 쏘아 만들어내는 총잡이 람보가 이야기를 이끌고 나갑니다. 학교에서 배우는 데카르트의 좌표를 그들 셋이 가장 쉽게 풀이하여 줍니다. 단지 그들의 재미난 행동을 따라 읽기만 하여도 학교에서 배우던 딱딱한 부분의 수학에 좀 더 활기를 불어넣어 줄 겁니다.

2 이런 점이 좋아요

❶ 딱딱하게 화석화되어 있는 수학 공식에 이야기를 첨가시켜 만들어 냄으로써 학습 효과를 배가 되게 하였습니다.

❷ 좌표를 만든 데카르트의 천재성을 책과 문제를 통해 확실히 실감하게 됩니다.

❸ 철저히 교과서와 연계해서 학교 수학을 이해하는 데 충분한 도움을 주고 학습 의욕도 증진시킬 것입니다. 학교 수학의 진도 전에 읽어 봄으로써 수업에 색다른 흥미를 느끼게 됩니다.

3 교과 연계표

학년	단원(영역)	관련된 수업 주제 (관련된 교과 내용 또는 소단원명)
초 6	변화와 관계	정비례와 반비례
중 1~3	변화와 관계	좌표와 그래프, 정비례와 반비례 일차함수의 그래프 이차함수의 그래프
고 1	도형과 측정	집합, 평면좌표, 직선의 방정식

4 수업 소개

1교시 좌표에 대한 기본 배경지식 그리고 좌표평면

점을 좌표로 나타내는 것에 대해 알아보고 좌표에서 나타나는 정수의 역할은 무엇인지 살펴봅니다. 좌표평면이 어떤 것인가를 알아보고 순서쌍에 대해서도 배워 봅니다.

좌표평면은 좌표를 나타내는 평면으로 모눈종이처럼 바탕이 만들어져 있습니다.

- 선행 학습

- 순서쌍에 대한 기본 지식을 알아둡니다.
- 순서쌍은 두 수의 순서를 정하여 짝 지어 나타낸 쌍입니다.
- 짝을 지은 순서가 다르면 서로 다른 순서쌍이 됩니다.

• 학습 방법

- 데카르트라는 수학자를 생각하며 좌표에 대해 읽어 나가면 더욱 재미있습니다.

- 좌표평면에 대해 잘 이해하도록 합니다.

2교시 사분면의 등장

유리수 범위로 확장된 좌표평면에 대해 알아보고, x축과 y축에 대해 공부하며 각 사분면마다의 특징을 살펴봅니다.

• 선행 학습

- 양수와 음수를 나타내는 부등식을 알아 둡니다.

• 학습 방법

- 좌표평면에 대해 자세히 들여다봅니다.

3교시 식과 그래프

점들이 모여 그래프를 이루는 것에 대해 학습합니다.

• 선행 학습

- 함수 : 어떤 수 x의 값이 하나 정해지면 그에 따라 y의 값이 하나씩 정해지는 관계.

- 정의역 : 함수 $f:\mathrm{X} \rightarrow \mathrm{Y}$에서 집합 X를 이르는 말, 변역이라고도 합니다.

- 치역 : 어느 함수에서, 정의역의 각 원소에 대응되는 공역의 함숫값 전체가 이루는 집합.

• **학습 방법**

- 함수라는 식이 좌표평면에서 어떻게 그려지는지를 잘 살펴봅니다.

4교시 비례, 반비례와 그래프

비례관계라는 말뜻을 알아봅니다.

정비례와 반비례를 비교하여 공부해봅니다

반비례가 좌표평면에서 어떤 모습인지 알아봅니다.

• **선행 학습**

- 반비례란 부호가 반대로 되는 비례가 아니라 역수배하는 비례라는 것을 알고 있어야 합니다.
- 비례관계 : 한 쪽이 2배, 3배, ……로 되면 다른 한 쪽도 2배, 3배, ……로 되는 것.
- 비례식 : 비의 값이 같은 두 비를 등식으로 나타낸 것.
- 반비례 : 역수로 비례하는 관계. 두 변수 x와 y가 정해진 규칙에 따라 변하면서 x가 2배, 3배, 4배, ……로 될 때 y는 $\frac{1}{2}$배, $\frac{1}{3}$배, $\frac{1}{4}$배, ……로 되면 x와 y는 반비례한다고 합니다.
- 정비례 관계 : 변하는 두 양 x와 y에서 x의 값이 2배, 3배, 4배, ……로 변함에 따라 y의 값도 2배, 3배, 4배, ……로 변할 때, y는 x에 정비

례한다고 합니다.

- 정비례 관계식 : $y=ax(a\neq0)$, 정비례의 성질은 $\frac{y}{x}=a$(몫이 일정)입니다.

- 반비례 관계 : 변하는 두 양 x와 y에서 x의 값이 2배, 3배, 4배, ……로 변함에 따라 y의 값은 $\frac{1}{2}$배, $\frac{1}{3}$배, $\frac{1}{4}$배, ……로 변할 때 y는 x에 반비례한다고 합니다.

• 학습 방법

- 점들이 모여 선이 된다는 것을 함수의 그래프를 통하여 알게 됩니다. 그리고 반비례 그래프는 쌍으로 생기는 쌍곡선이 됩니다.

- 정비례든 반비례든 그래프를 통해 이해하는 것을 배웁니다.

5교시 좌표, 차원과 그래프

차원과 공간좌표에 대해 공부해 봅니다. 좌표평면 위에 나타내지는 그래프에 대해 알아보고 일차함수 그래프의 이동에 대해 배웁니다. 이차함수의 그래프에 대해서도 배웁니다. 3차원을 표현하는 공간좌표에 대해 알아봅니다.

• 선행 학습

- 점, 선, 면에 대해 알아 둡니다.

- 일차함수 : x의 함수 y가 x의 일차식으로 된 함수. 즉, 일차함수는 $y=ax+b$의 꼴로 나타냅니다. 일차함수 $y=ax+b(a\neq0)$의 그래

프는 직선입니다. 직선 $y=ax+b$는 $y=ax$의 그래프를 y축의 양의 방향으로 b만큼 평행이동한 것입니다.

- 이차함수 : 함수 y가 x의 이차식으로 된 함수. 따라서 이차함수는 $y=ax^2+bx+c(a\neq0, a, b, c$는 실수$)$의 꼴로 나타냅니다. 이차함수 $y=ax^2+bx+c$의 그래프는 포물선입니다

• 학습 방법

- 차원 : 1차원은 선, 2차원은 면, 3차원은 공간, 4차원은 시간이란 요소가 추가됩니다.
- 일차함수 그래프의 특징과 이차함수 그래프의 특징을 잘 알아 둡니다. 평행이동시킨 그래프 역시 잘 알아 두어야 합니다.

6교시 이차함수와 좌표평면

이차함수의 성질은 좌표평면에서 어떻게 나타나는지 알아봅니다.

• 선행 학습

- 이차함수의 꼭짓점 : 포물선이 휘어지면서 좌우 대칭을 이루는 지점의 좌표.
- 이차함수의 비례상수 a : 그래프에서 a가 0보다 크면 아래로 볼록하고, a가 0보다 작으면 위로 볼록한 그래프가 됩니다. a의 절댓값이 클수록 그래프의 폭이 좁아집니다.

• 학습 방법

- 좌표평면에 이차함수의 그래프를 그려 가면서 이차함수의 그래프 특징을 살펴봅니다.

7교시 데카르트의 추억

데카르트의 성장 배경에 대해 알아봅니다.

데카르트는 물리학, 화학, 의학, 수학, 천문학과 같은 과학의 여러 분야를 연구하고 몰두하였답니다.

• 선행 학습

수학자 데카르트에 대해 알아보고 데카르트의 삶의 철학을 알아봅니다. 해석기하학은 그 당시까지 분리된 것으로 생각되어진 두 분야인 기하학과 대수학을 통합하였습니다. 공식과 기호를 공통으로 만들어 냈고 해석기하학에 관계없이 보이는 것까지 통합시켜 버렸습니다. 즉, 쉽게 표현하면 직선, 원, 이차곡선, 사각형 같은 것을 좌표평면 위로 불러들여 계산하게 된 것이지요. 기하학은 대수학이 되고 대수학은 기하학이 된 것입니다.

• 학습 방법

- 수학자로서 데카르트와 데카르트의 삶의 철학을 알아봅니다.
- 해석기하학에 대해 간략하게 이해합니다.

8교시 두 점 사이의 거리

수직선상의 두 점 사이의 거리를 알아봅니다.

좌표평면상의 두 점 사이의 거리를 알아봅니다.

수직선상의 내분점과 외분점을 알아봅니다.

• **선행 학습**

- 수직선 : 직선 위의 점에 일정한 간격으로 수를 대응시킨 것.
- 수직선에서는 일정한 간격의 점에 수를 대응시키는데, 왼쪽에서 오른쪽으로 갈수록 수가 커집니다.
- 선분의 내분점 : 한 선분을 그 위에 있는 한 점을 기준으로 두 부분으로 나누는 것을 말합니다. 선분 AB 위의 한 점 P를 $\overline{AP}:\overline{PB}=m:n$이 되도록 잡았을 때, 점 P는 선분 AB를 $m:n$으로 내분한다고 합니다. 이때 점 P를 선분 AB의 내분점이라고 합니다.
- 선분의 외분점 : 한 선분을 나누는 점이 그 선분 안에 있지 않고 그 연장선에 있는 점.

• **학습 방법**

- 쉽지 않은 내용이지만 차근차근 살펴보면서 수를 이용하여 문제를 성립시켜 봅니다.

9교시 좌표평면 위의 선분의 내분점과 외분점

수학자 파포스에 대해 알아봅니다.

파포스 중선의 정리가 성립하는 것을 증명해 보입니다.

• **선행 학습**

- 닮음비 : 대응변의 비가 모두 같을 때, 두 도형의 변은 비례관계에 있다고 합니다. 이때 그 비의 값을 닮음비라고 합니다.
- 비례식 : 비의 값이 같은 두 비를 등식으로 나타낸 것.
- 교환법칙 : 순서를 바꾸어 계산해도 결과가 같아지는 것.
- 교환법칙은 ＋, ×에서는 성립하지만 －, ÷에서는 성립하지 않습니다.
- 중점 : 선분의 길이를 이등분하는 점.
- 중선 : 삼각형의 꼭짓점과 그 대변의 중점을 연결한 선분. 하나의 삼각형에서는 중선을 세 개 그을 수 있습니다.
- 기하학 : 도형의 모양, 크기, 위치 등을 연구하는 수학의 한 분야

• **학습 방법**

- 학교 교과서에 나오는 공식을 중심으로 다루었으므로 예습 차원의 수업 준비가 될 것입니다.
- 파포스의 중선을 좌표평면에 나타내므로 수치를 대입하여 증명하는 것을 배웁니다.

10교시 직선의 방정식과 좌표평면에서 알 수 있는 것들

$y=ax+b$에서 기울기 a에 대해 자세히 알아봅니다.

두 점의 좌표가 주어졌을 때 기울기를 구해 봅니다.

세 종류로 만들 수 있는 직선의 방정식에 대해 공부합니다.

점과 직선 사이의 거리 공식을 알아 둡니다.

중심 거리와 반지름으로 두 원의 위치 관계를 살펴봅니다.

평행이동과 대칭이동에 대해 알아봅니다.

• 선행 학습

- 일차방정식 : 미지수의 최고차수가 일차인 방정식. 일차방정식은 $ax+b=0$ (a, b는 상수, $a \neq 0$)의 꼴로 나타납니다.
- 일차함수 : x의 함수 y가 x의 일차식으로 된 함수. 즉, 일차함수는 $y=ax+b$의 꼴로 나타납니다.
- 수심 : 삼각형의 각 꼭짓점에서 대변에 내린 수선의 교점.
- 반지름 : 원의 중심과 원주 위의 한 점과의 거리, 구의 중심과 구 겉면 위의 한 점과 거리.
- 평행이동 : 어떤 도형 위의 모든 점을 같은 방향으로 같은 거리만큼 옮기는 것.
- 대칭이동 : 서로 대칭이 되도록 모양을 옮기는 것.

• 학습 방법

- 일차함수와 일차방정식의 연관성을 좌표평면을 통해 알아봅니다.
- 좌표평면에 나타낼 수 있는 전반적인 것을 생각하는 시간을 갖습니다.

-3 -2 -1 0 1 2 3

데카르트를 소개합니다

René Descartes(1596~1650)

사람들은 나를 근대 철학의 아버지라 부릅니다.

"나는 생각한다. 그러므로 나는 존재한다."라는 유명한 말을 남겼습니다. 나는 철학자로 유명하지만, 철학뿐만 아니라 과학과 수학에서도 큰 업적을 남겼습니다.

나는 해석기하학의 창시자이며, 좌표를 발견하여 수학 발전에 이바지하였습니다.

여러분, 나는 데카르트입니다

좌표란?

좌표를 어떻게 하면 될지 좌우로 왔다 갔다 하며 생각에 잠깁니다. 그래도 생각이 잘 떠오르지 않자 내가 사는 아파트 지하 3층에서 지상 3층을 오르락내리락하며 생각해 봅니다.

물론 내가 좌표를 발견한 것은 우연입니다. 침대에 누워 있는데 천장에 파리가 이리저리 옮겨 다녔지요. 나는 '파리의 위치를 어떻게 나타낼까?' 하고 생각했습니다. 그러다 마침내 가로줄과 세로줄로 표현하면 그 파리의 위치를 정확히 표시할 수 있다는 사실을 발견한 것입니다. 그래서 오늘날의 좌표가 탄생한 것입니다. 그래서 나는 지금도 우리 학생들에게 어떡하면 쉽게 좌표를 설명할까, 그때의 파리가 된 것처럼 서성이는 겁니다.

그런데 그것보다도 내가 누군지 궁금하다고요? 아 참, 소개가 늦었네요. 수학자들은 한 가지 연구에 몰두하면 다른 것을 잊어버리는 것이 특징이지요.

나는 프랑스 사람이고요. 수학과 철학, 과학을 연구하고 있지요. 내 이름은 르네 데카르트입니다. 수학 교과서를 보면 파마머리를 한 옆집 아저씨 같은 친근한 인상의 내 얼굴을 본 학생도 있을 거예요. 사람들은 나를 가리켜 근대 철학의 아버지라고 부른답니다. 사실 나는 근대 철학을 자식으로 두지 않았는데 말이죠. 하하!

나는 이런 말을 자주 하고 다닙니다. '나는 생각한다. 그러므로 나는 존재한다.' 존재라는 말이 어려울 것 같아서 풀이해 줄게요. 어려운 말이 나오면 그때그때 내가 풀이해 줄게요. 존재란 말은 '있다'라고 생각하면 됩니다.

위 말을 다시 정리해 보면 나는 생각한다. 그래서 생각하는 내가 있는 것이다. 다시 말하면 '생각하는 내가 없으면 나라는 사람은 없는 것이다.'라는 뜻입니다. 여러분이 이 책을 생각하며 읽기 때문에 여러분이 있다는 소리입니다. 윽, '철학도 수학만큼 힘들구나.'라고 금방 생각했지요?

내 아버지의 성함은? 조아킴이라는 분입니다. 아버지는 렌 지방의 브르타뉴 의회 의원이었습니다. 하지만 어머니는 내가 태어난 1년 뒤에 돌아가셨죠. 나는 어머니 얼굴도 몰라요. 나는 군대에서 15개월 동안 수학과 군사건축학을 공부했어요. 파리를 이용한 좌표의 탄생도 군대 막사의 침대에서 생각해 냈답니다. 내 친구인 의사 이사크 베르만의 격려로 나는 수학을 본격적으로 공부합니다. 좋은 친구는 반드시 있어야 합니다. 여러분도 좋은 친구 많이 사귀세요.

나는《방법 서설》이란 책을 썼습니다. 그 책에서 다음과 같이 주장했습니다.

첫째, 자명하지 않다면 그 어떤 것도 승인하지 말것.

둘째, 문제를 가장 단순한 부분들로 세분할 것.

셋째, 단순한 것에서 복잡한 것으로 나아가며 문제를 풀 것.

넷째, 추론을 다시 검토할 것.

나의 철학과 도덕관에 대해 말해 보겠습니다. 나는 인간의 육체를 포함한 모든 물체가 역학 원리에 따라 작동하는 기계라고 믿습니다. 그래서 요즘 터미네이터가 미래에서 나타날 것이라고 믿고 있습니다. 지금 생각해보니 약간 웃기기도 하네요. 하지만 수학의 좌표 하나만큼은 지금도 변치 않는 우리 모두의 믿음입니다. 이제부터 여러분과 함께 좌표의 여행으로 떠나 보겠습니다. 참, 여행을 떠나기 전에 나를 도와줄 보조 강사님을 소개하겠습니다. 한 분은 내가 군 생활할 때 만난 미국인, 이름은 존 람보입니다. 인사하세요.

"마이 네임 이즈 존 람보."

뭐야, 자기만 좋은 람보고 다른 사람은 나쁜 람보란 말입니까? 하하, 농담입니다.

그다음에 소개할 친구는 스파이더맨입니다. 이 친구는 내가 파리로 좌표평면을 연구할 때 옆에서 거미줄로 좌표를 만들어 준 친구입니다. 고마운 친구지요. 우리 친구들에게 인사해요.

"안녕하세요. 데카르트를 도와 앞으로 좌표의 세계로 여행할 스파이더맨입니다."

이제 떠나 볼까요.

저는 근대 철학의
아버지라고 불리는
르네 데카르트입니다.

물론 제 아들
이름이 근대 철학은
아니죠.
농담이 썰렁했나요?
핫핫! —_—;;

제가 그만큼
철학 부분에서
많은 업적을 세웠다는
얘깁니다.

하지만 저는
수학에서도 많은
업적을 세웠어요.
잘 모르셨나요?

저는 수학에서 중요하게
쓰이는 좌표를 발견했는데
아주 우연한 일이었죠.
20대

한참 생각에 잠겨 있는데
귀찮게 웬 파리야.

척
척
척
어?

천장을 가로줄과 세로줄로
나누니 파리가 어디에
앉는지 단번에 알 수 있군.

지금은 가로줄 4번째와
세로줄 7번째에 앉아 있어.
척

윙이잉
척
이번엔 가로줄 5번째와
세로줄 3번째로 옮겨 앉았네.
앗~ 나는 지금
엄청난 발견을
한 거야.
만세!
방
방
뭐니?
저는 방 안을 날아
다니는 파리를 관찰
하다 좌표를 발견해
냈답니다.
그럼 저와 함께
지금부터 좌표의
세계로 떠나 보실까요.
let's go!
또 만나는
거야?

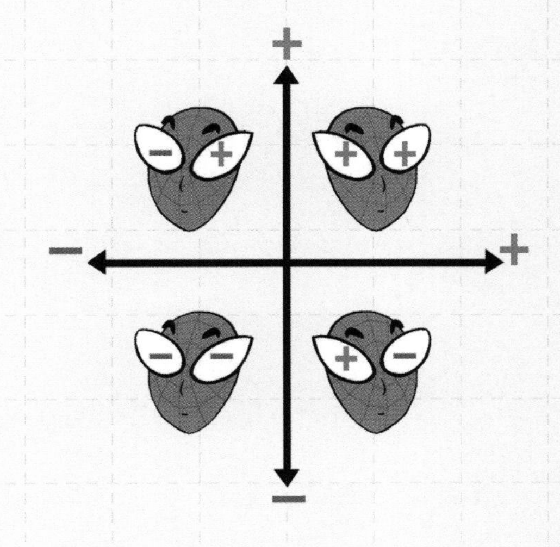

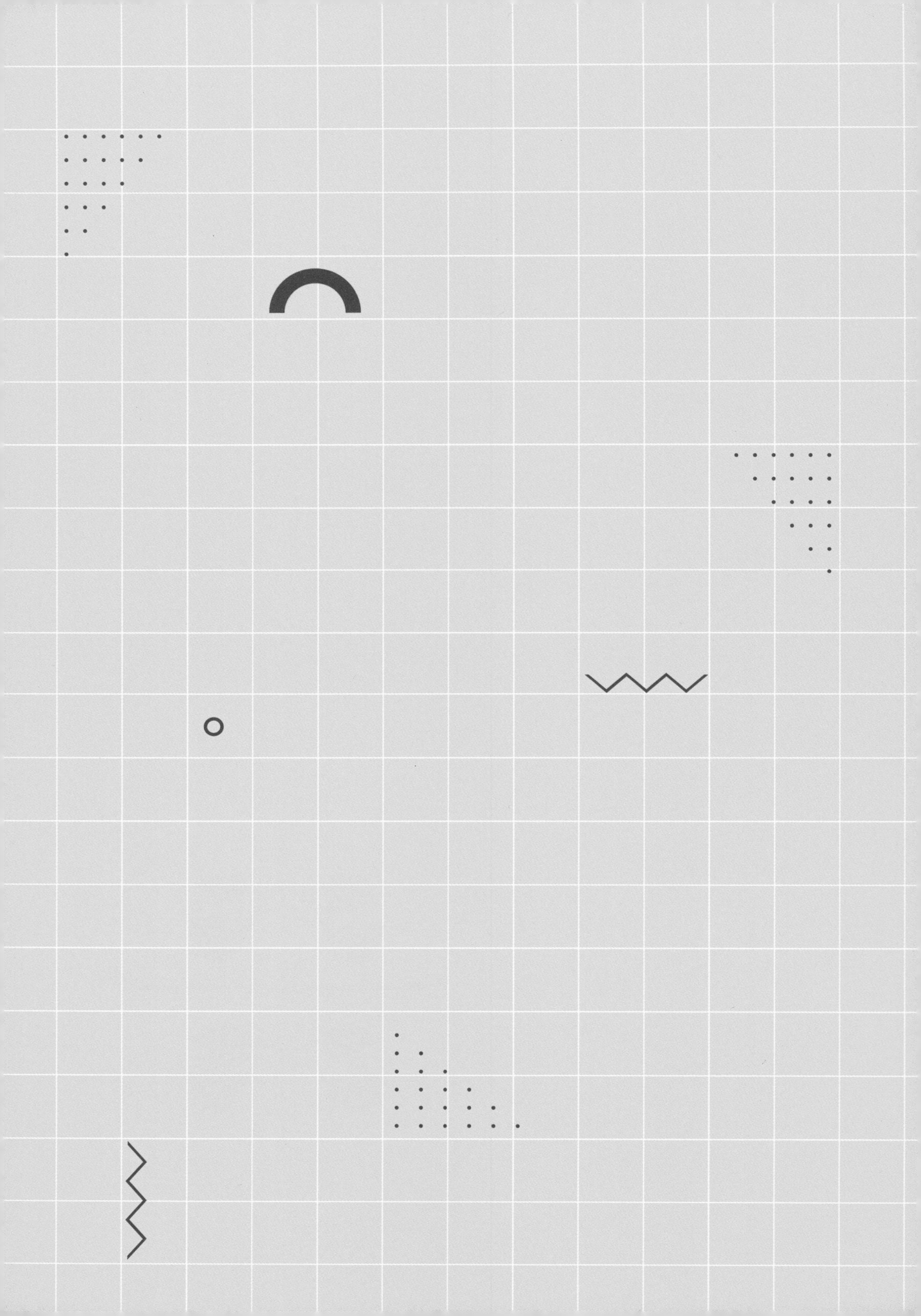

1교시

좌표에 대한 기본 배경지식과 좌표평면

어떤 점의 위치를 나타내는 것을
좌표라고 합니다.

수업 목표

1. 점을 좌표로 나타내는 것에 대해 알아봅니다.
2. 좌표에서 나타나는 정수의 역할은 무엇인지 알아봅니다.
3. 좌표평면이 어떤 것인가를 알 수 있습니다.
4. 순서쌍에 대해 알아봅니다.

미리 알면 좋아요

1. **수직선** 직선 위의 점에 일정한 간격으로 수를 대응시킨 것으로 왼쪽에서 오른쪽으로 갈수록 수가 커집니다.
2. **정수** 자연수를 포함해 0과 자연수에 대응하는 음수를 모두 일컫습니다. 이때 자연수를 양의 정수라 하고 이들에 대응하는 음수를 음의 정수라고 합니다.
3. **좌표평면** 좌표를 나타내는 평면으로 모눈종이처럼 바탕이 만들어져 있습니다.
4. **순서쌍** 두 수의 순서를 정하여 짝을 지어 나타낸 쌍으로 짝을 지은 순서가 다르면 서로 다른 순서쌍이 됩니다.

데카르트의 첫 번째 수업

일단 좌표를 공부하려면 수직선을 알아야 합니다. 수직선이란? 알고 있는 학생들도 있지요. 좌우로 끝없이 펼쳐진 선을 말합니다. 람보 씨, 저 좀 도와주세요. 오른쪽 수직선 끝을 향해 총을 쏴 주시고 달려가 보세요. '탕'하고 람보가 총을 쏘았습니다. 그리고 람보는 그 총알이 수직선 끝에 도착했는지 확인하려고 달려갔습니다. 그리고 나는 수직선의 가운데 서서 원점이라고 동그라미 모양의 O를 그려 넣습니다. 수직선의 가운데를

점 O로 나타냅니다. 숫자로는 0으로 표시하기도 합니다. 주로 숫자를 많이 사용하지요. 헉헉거리며 람보가 돌아옵니다. 람보는 '총알이 2만 4천 킬로미터 지역에 떨어져 있는데 수직선의 화살표는 더 멀리 뻗어 있었다.'고 합니다. 그렇습니다. 수직선의 끝은 없습니다. 끝이 없이 나아가므로 우리는 그것을 무한대로 나아간다고 말합니다. 무한대라는 것은 끝이 없다는 뜻을 지니고 있습니다.

이제 람보가 숨을 좀 돌린 것 같았습니다. 이번에 나는 왼쪽 수직선 끝을 향해 총을 한 발 발사하라고 시켰습니다. '탕!'하고 총알이 왼쪽으로 날아가고 다시 람보는 뛰기 시작했습니다. 또다시 나는 수직선에 대해 설명하고 있습니다. 람보가 열심히 뛰고 있는데 우리만 놀 수는 없잖아요. 수직선의 가운데를 0으로 보면 오른쪽으로는 +1, +2, +3, ……으로 점점 커지고요. 왼쪽은 −1, −2, −3, ……으로 점점 작아집니다. 여기서 잠깐 −1, −2, −3으로 숫자 앞에 − 기호가 보이죠. 이 기호의 이름은 음수 또는 마이너스라고 합니다. 빼기 기호와 똑같지만 약간 다른 기능도 가지고 있어요. −1은 '하나 부족하다.' 또는 '하나 작다.'는 뜻을 가지고 있지요. 그리고 −1과 −2 중 누가 더 클까요? 수직선에서는 음수의 크기 비교를 반드시 알아야 수직선을 바로 읽을 수 있습니다.

−1과 −2 중 누가 클까요?

생각해 봅시다. 내가 산 과자 봉투 안에 과자가 20개 들어 있어야 한다고 치면 1개 부족한 것이 양이 많습니까? 아니면 2개 부족한 것이 양이 많습니까? 그렇습니다. 1개 부족한 것이 전체를 비교해 보면 양이 더 많죠. 그러므로 −1이 −2보다 큰 것은 당연합니다. 따라서 수직선은 왼쪽에서 오른쪽으로 갈수록 수의 크기가 커집니다.

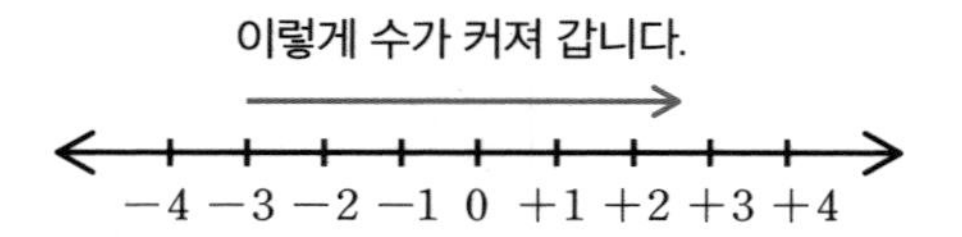

헉헉거리며 람보가 돌아왔습니다. 이번에도 람보의 '총알은 2만 4천 킬로미터 지점의 땅에 떨어져 있었는데 그곳도 수직선의 끝이 아니었다.'고 합니다. 그곳에서 끝을 바라보아도 보이지 않았다고 합니다. 그래서 왼쪽의 수직선 끝도 무한대라는 결론을 짓습니다. 그렇습니다. 수직선의 양쪽 끝은 끝이 없는 무한대로 뻗어 있습니다.

이제 좌표라는 말을 잠시 알아봅시다. 어떤 점의 위치를 나타내는 것을 좌표라고 합니다. 내가 파리의 위치로 좌표를 만든 것처럼 말입니다. 좌표는 방금 우리가 배운 1차원인 수직선과 2차원인 평면, 그리고 3차원인 공간에서 다룰 수 있습니다.

우선, 수직선상의 좌표를 공부하도록 합시다.

수직선상의 좌표를 다른 말로는 직선 위의 점의 위치라고 생각할 수 있습니다.

수직선 위에 대응하는 점의 위치를 수로 나타낸 것을 점의 좌표라 하고, 좌표가 0인 점을 원점이라고 합니다. 대응이란 말이 나왔습니다. 수학적 용어 풀이보다는 눈으로 보이는 설명을 하겠습니다. 점이 찍혀 있는 것을 일단 대응됐다고 보면 됩니다. 3에 대응되었다는 소리는 3에 점이 찍혀 있는 상태를 말합니다.

아래 그림을 좀 볼까요?

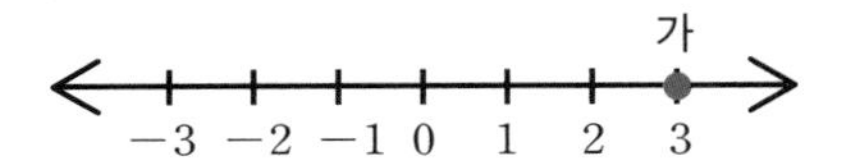

그림은 좌표가 3인 점을 수직선에 나타낸 것입니다. 점 '가'는 0에서 오른쪽으로 3칸 간 위치에 있으며, 수 3에 대응되었습니다. 이때 수 3을 점 가의 좌표라고 하고, 가(3)이라고 씁니다.

그런데 약간 이상한 점을 발견할 수 있습니다. 조금 전 그림에서는 수직선의 오른쪽 숫자를 +1, +2, +3, ……으로 나타냈는데 두 번째 그림에서는 그냥 1, 2, 3, ……으로 나타냈습니다. 누가 맞는 것일까요? 하하, 둘 다 맞는 표현입니다. +3이나 3은 같은 말입니다.

그 차이는 '아, 배고프다.'와 '배고프다.'의 차이 정도입니다.

'아, 배고프다.'나 '배고프다.'는 둘 다 배고프다는 뜻이니까요. +3이나 3은 같은 뜻입니다. 왜 이런 차이를 두었을까요? 일단, 학생들을 헷갈리게 하려는 목적도 있지만 정수자연수보다 큰, 음수 개념이 나오는 수의 범위의 사칙계산에서 계산을 하려면 3을 +3으로 표현해야 덜 헷갈리는 경우가 생기기 때문입니다.

다음 수직선을 보고 나타난 점을 람보와 스파이더맨이 큰 소리로 읽어 볼까요?

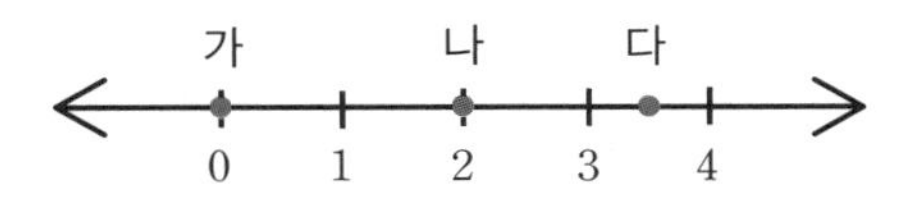

"가(0), 나(2), 다$\left(3\frac{1}{2}\right)$."

이제 직선 위에서 좌표를 이동시켜 보겠습니다. 좌표란 수직선 위의 점의 위치를 말합니다. 람보가 지금 서 있는 점의 좌표를 5라고 하면,

"람보 씨, 오른쪽으로 한 발만 이동하세요."

람보 씨가 기겁을 하며 말한다.

"옆에 똥 있는데요."

"그럼 두 발 이동하세요."

람보는 똥을 살짝 디디고 두 발 옆으로 이동하였습니다. 그러면 람보가 서 있는 좌표는 얼마일까요? 처음 람보가 서 있던 좌표는 5였습니다. 두 발 이동하면 5+2두 발=7입니다. 이렇게 오른쪽으로 이동하면 수가 증가하게 됩니다. 수학의 아름다움은 대칭성에 있지요. 대칭성이란 좌우가 비교되는 성질입니다. 그래서 만약 람보가 왼쪽으로 두 발 움직인다면 5−2두 발=3이 되는 것입니다. 오른쪽으로 움직이면 +로 늘어나고 왼쪽으

로 움직이면 −로 줄어듭니다. 가운데 원점 O를 중심으로 오른쪽으로는 늘어나고 왼쪽은 줄어듭니다. 그런 성질이 수직선의 좌표 성질입니다. 누구나 성질을 가지듯이 수학도 성질이 있습니다. 옆에 있던 스파이더맨이 왜 자신에게 말을 시키지 않느냐며 성질을 냅니다. 기다리세요!

"이제 당신 차례입니다. 등장하라면 등장하세요."

"예."

마치 땅거미처럼 순하게 엎드립니다.

내가 처음 좌표를 생각한 것은 평면 위의 좌표였습니다. 평면이라는 말이 어렵게 들리지요? 그냥 종이 위, 방바닥 같은 것이 바로 평면입니다. 평면 위의 좌표를 학교생활에서 학교 선생님들이 간혹 활용을 하지요. '왼쪽에서 3번째, 앞에서 2번째. 졸고 있는 파란 줄무늬! 그래, 너!'하면서 '뒤에 나가서 손들고 있어!' 하면서 내가 만든 좌표를 이용해서 벌을 주시더라고요. 이 자리를 빌어 말하지만 전 그런 용도로 좌표를 만들지 않았습니다. 하지만 선생님이 응용한 좌표에 대한 것도 재미있으므로 그것으로 좌표를 설명해 볼게요.

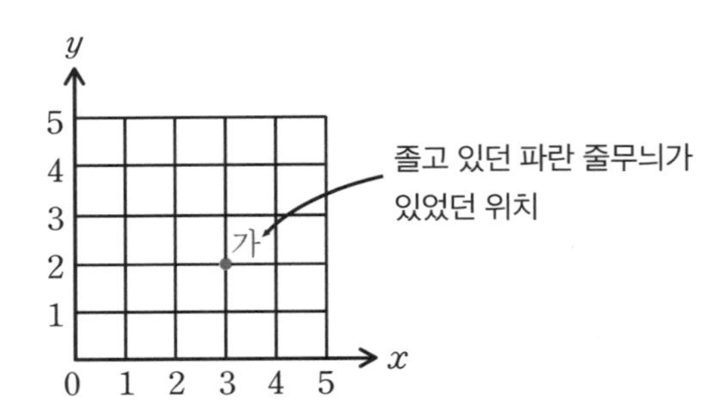

위에서 점 가의 좌표는 (3, 2)입니다. 이때 3을 가로 좌표라 하고, 2를 세로 좌표라고 합니다. 점 가와 같이 (가로 좌표, 세로 좌표)의 순서로 짝지은 것을 순서쌍이라고 합니다. 순서쌍이 바로 좌표입니다.

이제, 순서쌍을 나타내는 곳인 좌표평면에 대해 공부해 보겠습니다.

"스파이더맨, 거미줄 같은 좌표평면을 하나 만들어 주세요."

'쫙!' 스파이더맨의 손목에서 거미줄이 나갑니다. 어느새 좌표평면 하나가 만들어졌습니다.

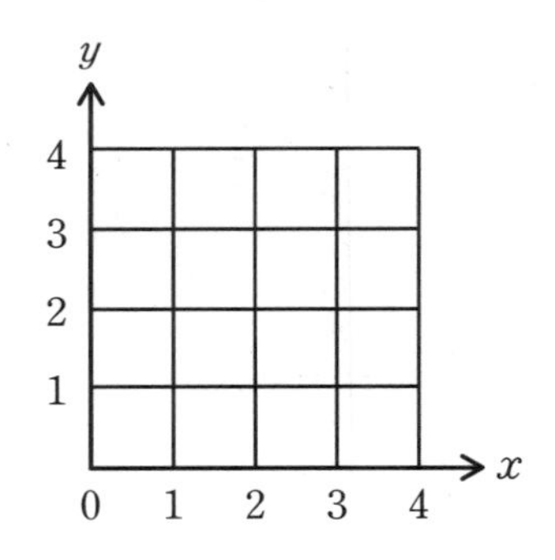

평면 위에서 가로로 놓인 수직선을 가로축이라 하고, 세로로 놓인 수직선을 세로축이라 합니다. 가로축과 세로축을 좌표축이라 하며, 좌표축이 있는 평면을 좌표평면이라고 합니다. 또 그림과 같이 가로축과 세로축이 만난 곳을 원점이라고 합니다. 아까 스파이더맨의 손목을 잘 본 분은 알겠지만 손목에서 원점을 먼저 만들고 줄들이 퍼지면서 좌표평면을 만들었습니다.

그럼 원점 좌표에 대해 알아봅시다. 원점의 좌표는 어떻게 될까요? 원점에서는 가로 좌표나 세로 좌표가 모두 0이 됩니다. 원점의 좌표는 (0, 0)입니다. 당연히 출발점이니 0이 되어야지요. 그리고 스파이더맨이 원점은 자신의 손목에 난 구멍을 상징해서 0으로 만들었다고 말하다가 나에게 혼이 났습니다. 그런 뜻 아니에요.

가로축 위에 있는 모든 점의 세로 좌표는 0이고, 세로축 위에 있는 모든 점의 가로 좌표는 0입니다. 이것을 글로만 나타내니까 이해가 어렵죠. 다음 그림을 보세요.

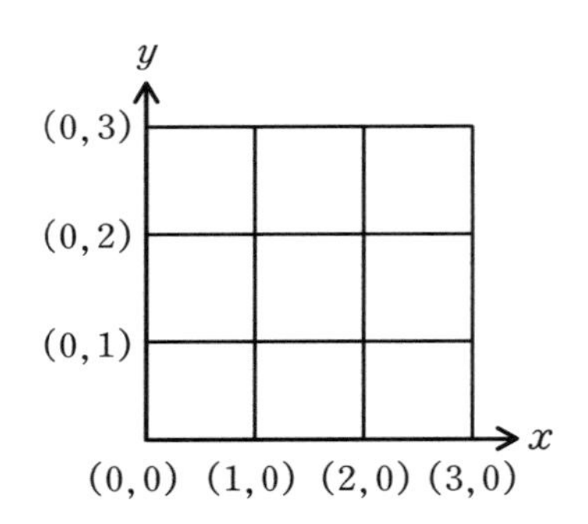

"람보 씨, 가만히 설명만 들으니 심심하죠. 그럼 람보 씨의 자랑인 사격 솜씨를 좀 볼까요?"

람보는 갑작스러운 이야기에 좀 당황합니다.

"저기 보이는 좌표평면에 내가 순서쌍을 말하면 그곳에 총을 쏘아서 점을 만들어 주시면 됩니다."

자, 람보 씨 시작해 볼까요?

가(1, 1) 탕!

나(3, 2) 탕!

다(3, 4) 탕! 탕!

라(5, 4) 탕!

마(0, 0) 탕!

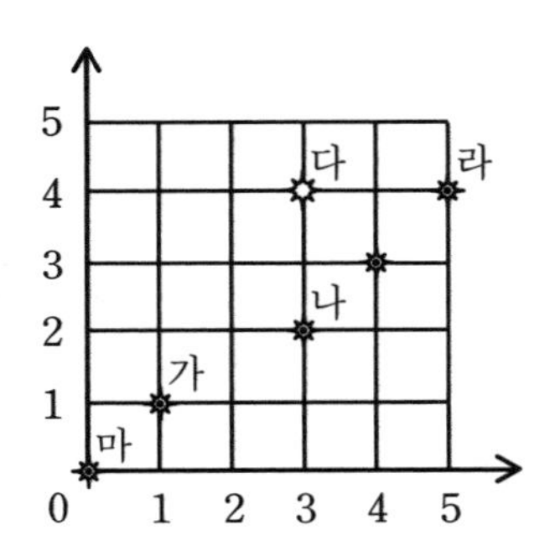

람보 씨는 정말 총을 잘 쏘시는군요. 하지만 한 번의 실수를 하셨습니다. (3, 4)에서 한번 착각을 일으켜서 (4, 3)에 한 발을 맞추는 실수를 했습니다. 그럼 여기서 (3, 4)와 (4, 3)이 왜 다른지 설명하겠습니다.

순서쌍이라는 말을 알아야 합니다. 순서쌍이란 차례가 정해진 두 원소의 짝을 뜻하고 순서쌍은 (가로의 좌표, 세로의 좌표)로 이루어져 있습니다. (3, 4)와 (4, 3)에서 가로의 좌표 3과 가로의 좌표 4는 완전 다른 것이 됩니다. 세로의 좌표 역시 세로의 좌표 4와 세로의 좌표 3은 완전 다른 것이 되지요.

말씀만 하시죠!
저는 백발백중
이니까.
투
타
타
타
(1, 1)
(3, 2)
땅
땅
(3, 4)
땅
한 번의 실수를 했군요.
세 번째는 가로 좌표 3,
세로 좌표 4라고 했죠.
윽~ (4, 3)에
총을 쐈네.
훗~
겨우 그
정도냐?
훗

그림으로 알아볼까요?

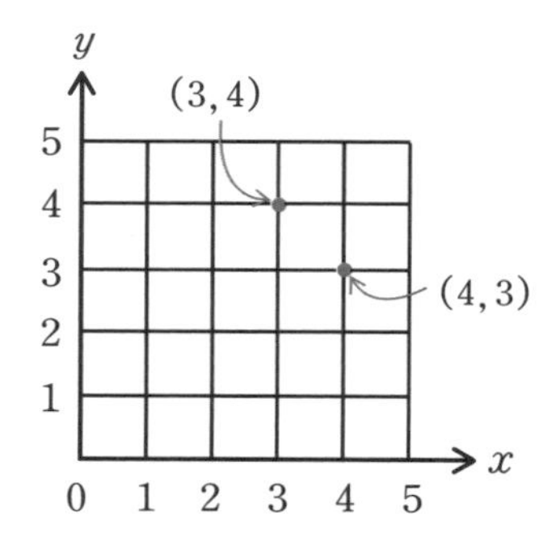
y
x
(3, 4)
(4, 3)
0 1 2 3 4 5
1 2 3 4 5

좌표를 읽을 때나 쓸 때 가로의 좌표부터 읽거나 씁니다. 그 다음이 세로의 좌표입니다. 그래서 순서쌍과 좌표에서는 순서를 바꾸면 완전히 다른 점의 좌표가 됩니다.

수업 정리

❶ 좌표는 수직선 위의 점에 대응하는 수 또는 좌표평면 위의 점에 대응하는 순서쌍입니다. 그리고 직선 위의 점의 위치는 하나의 수를 써서 좌표로 나타낼 수 있습니다.

❷ 원점 O나 0을 중심으로 좌변은 음의 정수 지역이고 우변은 양의 정수 지역입니다. 수의 크기를 살펴보면 음의 정수보다는 0이 크고 0보다는 양의 정수가 큽니다.

❸ 좌표평면에서 세로축의 좌표와 가로축의 좌표를 이용하여 순서쌍을 만들어 냅니다. 순서쌍이라는 말처럼 반드시 순서를 지켜서 나타내야 합니다. 예를 들어 (2, 1)과 (1, 2)는 다른 것입니다.

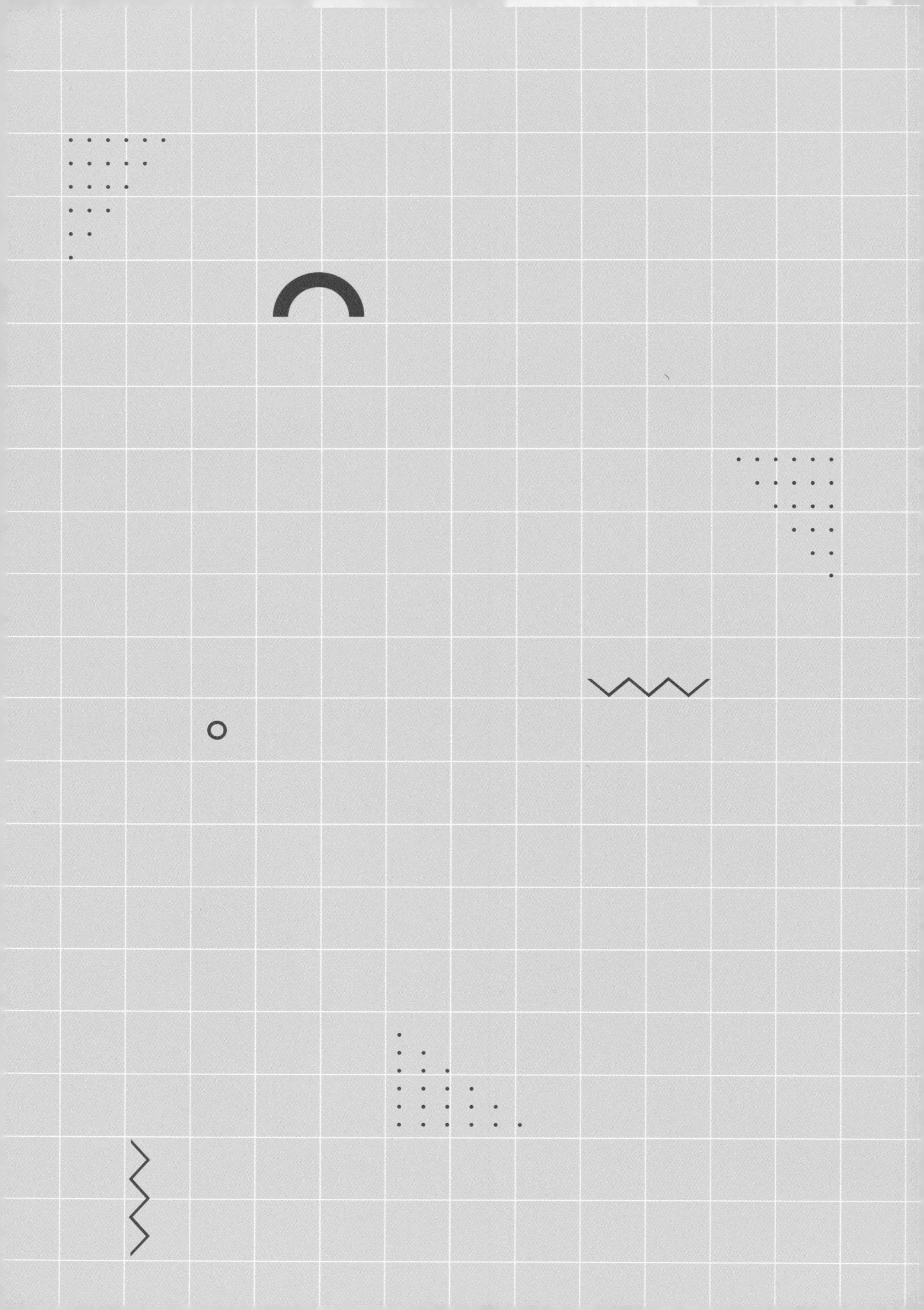

2교시

사분면의 등장

좌표평면은 좌표축에 의하여
4개의 부분으로 나눠집니다.

수업 목표

1. 유리수 범위로 확장된 좌표평면에 대해 알아봅니다.
2. x축과 y축에 대해 공부합니다.
3. 사분면에 대해 알아보고 각 사분면마다의 특징을 살펴보겠습니다.

미리 알면 좋아요

1. **유리수** 정수 a와 0이 아닌 정수 b가 있을 때, $\frac{a}{b}$의 꼴로 표현할 수 있는 수로 정수는 양의 정수, 음의 정수 그리고 0을 포함합니다. 유리수는 $\frac{2}{3}$와 같은 양수뿐만 아니라, $-\frac{1}{3}$과 같은 음수도 포함됩니다. 정수는 분수의 꼴로 나타낼 수 있으므로 유리수입니다.

2. **x축** 좌표평면의 가로축.

y축 좌표평면의 세로축.

사분면 좌표평면은 4개의 사분면으로 나누어져 있습니다.

대칭 x축과 y축에 의해 이동하여 겹쳐지는 것을 말합니다.

데카르트의 두 번째 수업

첫 번째 수업에서는 원점을 빼고 자연수 상태의 좌표평면을 공부하였습니다. 이제는 유리수의 범위에서 좌표평면을 다루도록 하겠습니다. 이제부터 스파이더맨은 밥을 많이 먹어야 합니다. 왜냐하면 이제껏 그려왔던 좌표평면보다 4배나 크게 그려야 하니까요.

왜 그런지 한번 새로 등장할 유리수 범위의 좌표평면을 통해 알아볼까요?

앞에서 배운 것을 복습하는 의미로 다시 용어를 정리해 봅니다.

좌표평면

좌표축에는 x축과 y축이 있습니다. 종전의 가로축을 x축, 세로축을 y축으로 말을 바꿉니다.

다음 그림과 같이 두 수직선이 점 O에서 수직으로 만날 때, 가로의 수직선을 x축, 세로의 수직선을 y축이라 하고, 이 두 축을 통틀어 좌표축이라고 합니다. 이때 기준이 되는 두 좌표축의 교점 O를 원점이라고 합니다.

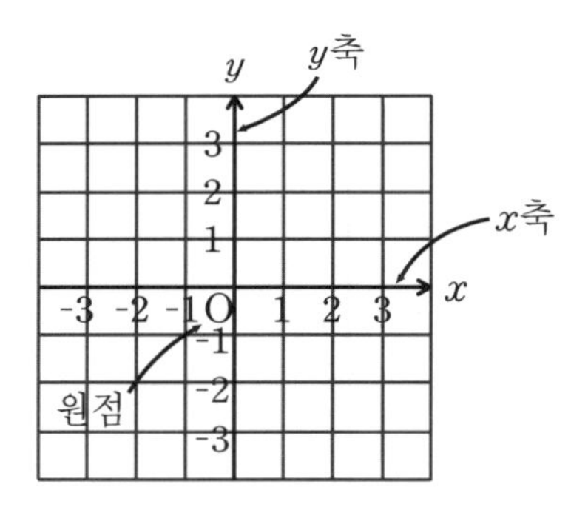

스파이더맨이 힘들게 거미줄로 좌표평면을 만들었습니다. 옆에 있던 람보가 오목 두기 좋겠다고 합니다.

첫 번째 수업에서 배웠던 좌표평면과는 좀 다르지요. 전에 배운 것은 하나의 면을 가지고 있었지만 지금은 4개의 면을 가지고 있는 좌표평면입니다.

4개의 면을 가지고 있는 좌표평면을 우리는 '사분면을 가지

고 있다.'라고 말합니다.

좌표평면이 x축과 y축에 의하여 네 부분으로 나누어질 때, 이들을 각각 제1사분면, 제2사분면, 제3사분면, 제4사분면이라고 합니다.

다시 말하면 좌표평면은 다음 장의 그림과 같이 좌표축에 의하여 4개의 부분으로 나눠집니다. 이때 각 부분을 제1사분면, 제2사분면, 제3사분면, 제4사분면이라고 합니다. 여기서 각 좌표축은 어느 사분면에도 속하지 않습니다.

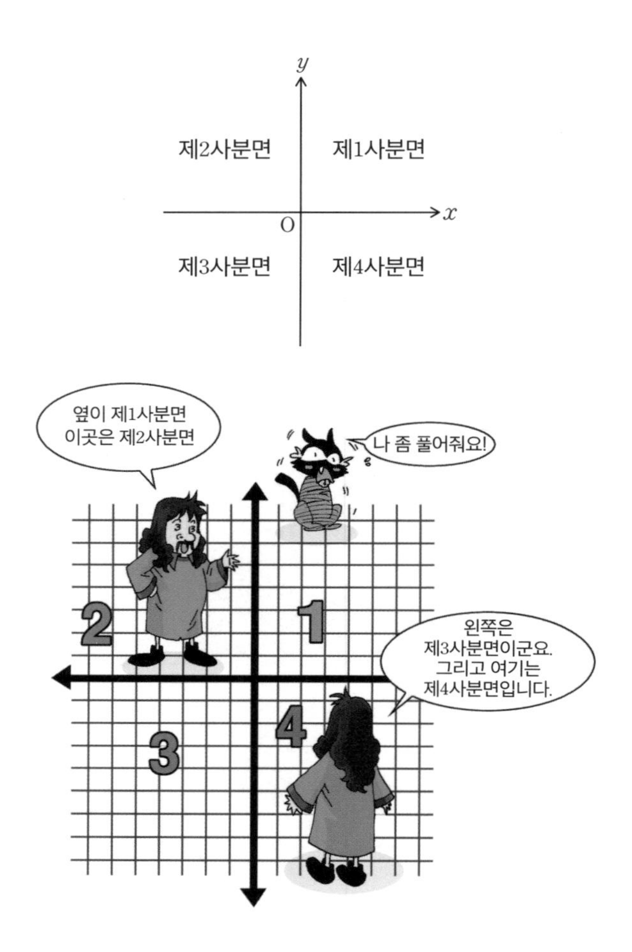

각 사분면 위에 있는 점 (x, y)의 x좌표와 y좌표의 부호는 각각의 특징을 가지고 있습니다. 그 말에 스파이더맨의 눈이 동그랗게 반짝입니다. 그래서 나는 스파이더맨의 눈동자를 가지고 사분면에 따른 좌표의 부호를 설명하기로 했습니다.

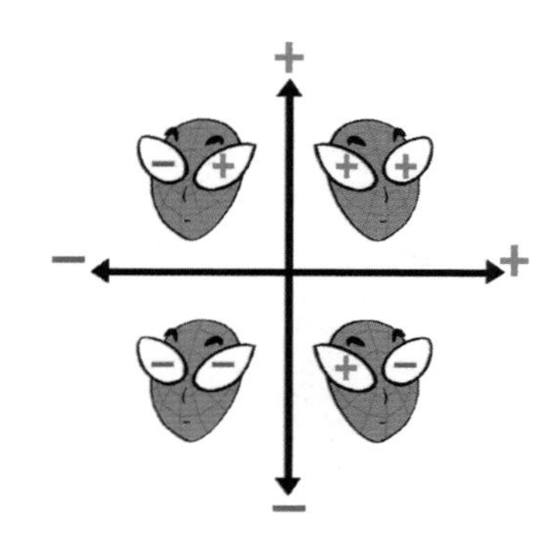

위의 그림처럼 사분면 위의 점의 부호를 다시 살펴보면……. 아, 먼저 스파이더맨 눈에 힘주느라 수고했어요. 이제부터는 내가 말로 설명할게요. 가서 쉬세요.

점 P(a, b)가 제1사분면에 있는 점이면 $a>0$, $b>0$이고 점 P가 제2사분면에 있는 점이면 $a<0$, $b>0$, 점 P가 제3사분면에 있는 점이면 $a<0$, $b<0$이 되고 점 P가 제4사분면에 있는 점이면 $a>0$, $b<0$이 됩니다.

이때 람보는 뭔가 떠올랐는지 나에게 이런 질문을 합니다.

“$(2, -3)$과 $(2, 3)$은 어떤 차이가 있나요?”

내가 왜 그런 질문을 하는지 물어보았습니다. 람보는 전쟁 영웅이라 그런지 칼 들고 있는람보는 마이너스를 언제나 칼로 표현합니다 -3이 영 못마땅했다고 합니다. 숫자는 같고 부호가 다른 경우

어떻게 되는지 신경쓰였다고 하더군요.

그런 경우 좌표에서는 대칭시켰다고 합니다. 대칭이란? '접는다'라고 생각하면 됩니다. 즉, 어떤 점을 접으면 두 점이 겹쳐질 때 '대칭시켰다'라는 말을 하지요. 대칭이란 수학에서 쓰는 말입니다.

그럼 대칭인 점의 좌표를 알아볼까요?

스파이더맨, 좌표평면을 하나 만들어 주세요.

스파이더맨이 좌표평면을 만들고 있는 동안 대칭에 대해 간략하게 설명해 줄게요. 점 $\mathrm{P}(a, b)$가 제1사분면에 있다면 x축에 대하여 대칭인 점은 점 $(a, -b)$가 됩니다. 또 y축에 대하여 대칭인 점은 $(-a, b)$인 점입니다.

여기서 한 가지 규칙성을 살펴보겠습니다. x축에 대칭은 y좌표의 부호가 반대가 됩니다. 반대로 y축에 대한 대칭은 x좌표의 부호가 반대로 되지요.

원점에 대한 대칭은 좀 신경 쓰이니 잘 보세요. 좌표평면상에서는 원점에 대한 대각선 대칭이라고 보시면 됩니다.

원점 대칭은 x, y 좌표의 부호가 모두 반대로 됩니다. 아, 이제 스파이더맨이 좌표평면을 다 그렸다고 하네요. 그럼 그림을 볼까요?

우리 학생들은 숫자도 싫어하지만 문자는 더 싫어한다는 것을 내가 누구보다 잘 알고 있지요. 그래서 문자보다는 숫자를 이용하여 다시 한번 더 설명해 줄게요.

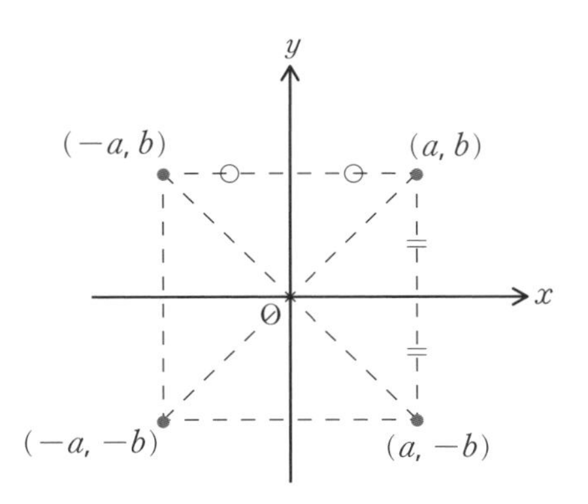

점 P가 $(2, -3)$이라면 x축에 대하여 대칭시킨 점은 얼마일까요? 람보가 대답합니다.

"x축 대칭이라면 일단 y 좌표의 부호가 반대라고 했으니까 $(2, 3)$입니다. 혹시 맞나요?"

음, 람보 씨는 제가 가르친 보람이 나네요.

람보도 기쁜지 총을 하늘로 향해 발사합니다. 자신은 기쁜지 모르지만 총소리에 우리는 벌벌 떱니다. 벌벌 떠는 우리에게 람보가 죄송하다고 사과를 합니다.

그럼 이번에는 스파이더맨에게 질문합니다.

y축에 대하여 대칭인 점은 얼마인가요?

스파이더맨 거미줄을 발사하여 $-$기호를 하나 가져옵니다. 그리고 2앞에 $-$기호를 붙여서 다음과 같이 나타냅니다.

$(-2, -3)$

잘했습니다. 스파이더맨도 정답입니다. 그래서 스파이더맨에게 하나 더 물어봅니다.

원점에 대한 대칭인 점은 얼마지요?

하지만 스파이더맨은 머리를 갸우뚱거립니다. 그 동작은 영락없는 거미입니다. 람보는 알고 있는 듯합니다. 스파이더맨이

빨리 대답하지 않자, 람보가 큰 소리로 외칩니다.

"원점 대칭은 말이야. x와 y의 부호가 모두 바뀐다고. 그것도 몰라. 그래서 말이지 $(2, -3)$을 원점 대칭시키면 $(-2, 3)$이 된다고."

수업 정리

❶ 좌표평면이 x축과 y축에 의하여 네 부분으로 나누어질 때, 이들을 각각 제1사분면, 제2사분면, 제3사분면, 제4사분면이라고 합니다.

❷ 점 $\mathrm{P}(a, b)$가 제1사분면에 있는 점이면 $a>0$, $b>0$이고 점 P가 제2사분면에 있는 점이면 $a<0, b>0$, 점 P가 제3사분면에 있는 점이면 $a<0, b<0$이 되고 점 P가 제4사분면에 있는 점이면 $a>0, b<0$이 됩니다.

❸ x축 대칭은 y값의 부호가 바뀌고 y축 대칭은 x값의 부호가 바뀝니다. 원점 대칭은 x, y의 부호가 모두 바뀝니다.

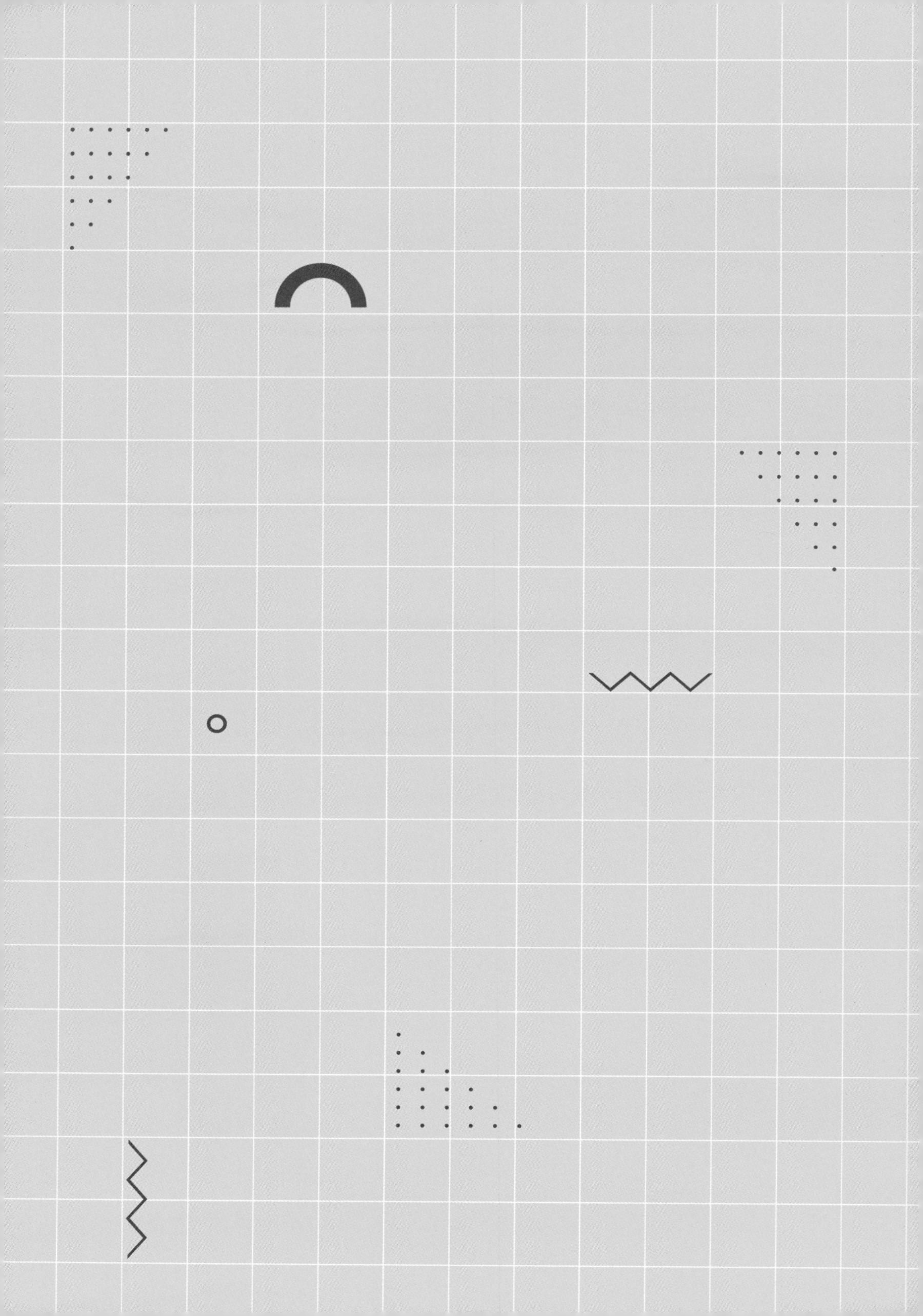

3교시

식과 그래프

일차식이란 x와 같이
문자 위의 차수가 1인 식을 말합니다.

수업 목표

1. 좌표평면 위의 그래프를 그려봅니다.
2. 점들이 모여 그래프를 이루는 것에 대해 학습합니다.

미리 알면 좋아요

1. **함수** 어떤 수 x의 값이 하나 정해지면 그에 따라 y의 값이 하나씩 정해지는 관계.

2. **정의역** 함수 $f: \mathrm{X} \to \mathrm{Y}$에서 집합 X를 이르는 말, 변역이라고도 합니다.

3. **치역** 어느 함수에서, 정의역의 각 원소에 대응되는 공역의 함숫값 전체가 이루는 집합.

데카르트의 세 번째 수업

우리가 배운 순서쌍은 어디에 응용될 수 있을까요? 순서쌍은 좌표평면에 점으로 나타날 수 있습니다. 옛날 기하학이라는 도형을 다루는 학문에서는 점들이 모여 직선을 만든다고 하였습니다. 그럼 좌표평면의 순서쌍들을 일정한 규칙에 따라 모아 둘 수 있겠지요. 그런 것을 중학생들이 가장 싫어하는 함수라고 부른답니다. 지금 미리서 함수라는 무서운 단어를 부르지는 맙시다. 눈으로만 읽으세요. 입 밖에 함수라는 말을 하다가 함수귀

신이 우리 몸에 달라붙어 중학교 3년간 함수로 고생할 수 있으니까요. 분명히 말했습니다. 이 책에서는 좌표평면을 설명하기로 했기 때문에 함수라는 말은 하지 않겠습니다.

어제 마트에서 만난 $y=3\times x$라는 식이 있습니다. 인사성이 밝은 친구입니다. 여러분은 눈인사라도 하세요. 이제 우리는 이 식과 친해져야 합니다. 아니면 공부하기가 상당히 힘들어지거든요.

여기서 내가 x의 값을 그냥 정해 보겠습니다. 0, 1, 2, 3, 4, 5,

6이라고 말입니다.

이때 앞의 식 $y=3\times x$를 이용하여 y의 값을 찾아보세요. 뭘 망설이세요. 내가 하나를 풀어 줄게요. 0말고 1을 가지고 풀어 줍니다. 잘 보세요.

$y=3\times x$에서 x의 자리에 1을 대입시킵니다. 아, 대입이라는 말 뜻은 x대신에 1을 넣어 계산한다는 뜻입니다. 마치 입속에 사탕을 대입시키듯이 말이죠. 사탕은 달지만 $y=3\times x$ 식에 1을 대입시키는 것은 달지 않아요.

$y=3\times 1$

그다음 침과 사탕이 섞여 녹듯이 3과 1을 곱해요, 그 값이 바로 y의 값입니다.

$y=3$

이때 $x=1$에 대한 y의 값이 3이므로 그것을 순서쌍으로 나타내면 $(1, 3)$이 됩니다. 읽기로는 1 콤마 3이라고 읽습니다. 순서쌍을 다시 한번 더 설명하면 x의 좌푯값, y의 좌푯값으로 나타내는 것을 말합니다.

그런 식으로 나머지 0, 1앞에서 내가 구했죠, 2, 3, 4, 5, 6을 차례로 대입시켜 구한 뒤, 순서쌍으로 나타내면 다음과 같습니다.

$(0, 0), (1, 3), (2, 6), (3, 9), (4, 12), (5, 15), (6, 18)$

이제 람보 씨와 스파이더맨이 날 좀 도와주세요.

아 참, 스파이더맨! 사분면 다 그릴 필요 없어요. 1사분면만 만드세요. 괜히 4사분면을 모두 만든다고 힘을 쓰지 않아도 돼요.

스파이더맨이 순식간에 1사분면만을 거미줄로 만들었습니다. 람보 씨, 다음 순서쌍들을 좌표평면에 쏴 주세요.

$(0, 0), (1, 3), (2, 6), (3, 9), (4, 12), (5, 15), (6, 18)$

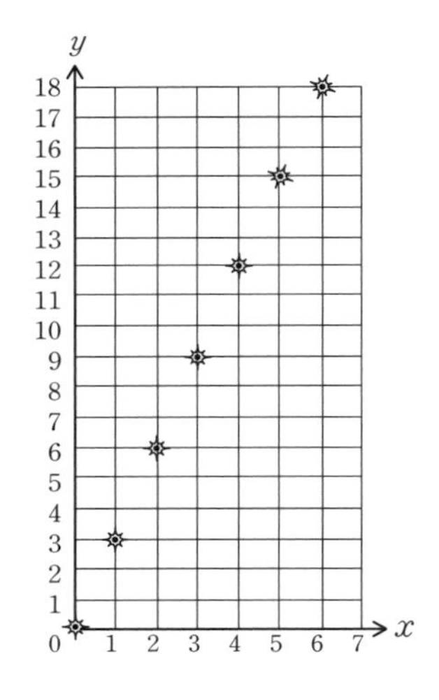

$y = 3 \times x$는 규칙을 지니고 있습니다. 내가 자를 가지고 점들을 쭉 이어 보겠습니다. 직선이 생기지요.

당연한 결과입니다. 왜냐하면 $y=3\times x$라는 식은 일차식이거든요. 일차식은 언제나 직선을 만듭니다. 일차식이란 x와 같이 문자 위의 차수가 1인 식을 말합니다. 가령 x^2이 식에 들어가 있다면 이차식이라고 부르고 이것을 좌표평면에 나타내 보면 곡선이 생깁니다. 그것도 포물선이라는 곡선이 말입니다. 너무 많이 알려고 하지 맙시다. 지금 우리는 좌표평면에 대해서만 공부해도 됩니다.

$y=3\times x$식을 관계식이라고 말합니다. 이런 규칙을 가진 관계식은 언제 활용할 수 있을까요?

음, 내가 생각 좀 해 보고 말해 줄게요. 마침 생각이 떠올랐네요. 목욕탕의 욕조에 수도를 틀어 놓고 물을 넣는 시간과 물의 높이의 관계를 알아보는 데 관계식이 필요합니다.

시간(분)	1	2	3	4	……
높이(cm)	3	6	9	12	……

위의 표는 1분마다 물 높이의 변화를 조사한 것입니다. 표에서 시간이 1분 경과할 때마다 물의 높이는 3cm씩 높아지는 것을 알 수 있습니다. 이때 물의 높이를 y라 하고, 시간을 x라 하면, 구하는 관계식은 $y=3\times x$입니다.

그러나 표만으로는 5.5분 후나 30분 후의 물의 높이 등은 알 수가 없습니다. 하지만 관계식을 이용하면 알 수 있습니다.

$y=3\times 5.5=16.5$cm

$y=3\times 30=90$cm처럼 쉽게 구할 수 있습니다.

힘이 남아도는지 스파이더맨이 온 사방에 거미줄을 찍찍 쏘아댑니다. 그만하세요! 스파이더맨 그렇게 힘이 남아돈다면 이제 사분면 좌표를 그려 주세요.

그러면 이번에는 내가 사분면의 좌표평면에 $y=2\times x$의 그래프를 그려 보겠습니다.

람보 씨, 이번에는 총알이 무지 많이 필요할 겁니다. 총알을 많이 준비하세요. 그러자 람보는 총알 끈을 가슴에 휘어 감습니다. 마치 람보 영화처럼 말입니다.

우선, 함수에 대한 이야기를 잠시 해야 좌표평면에 그림을 그릴 수 있습니다.

함수 y에 대하여 x의 값에 대한 함숫값 y의 순서쌍 (x, y)를 좌표로 갖는 모든 점을 좌표평면에 나타낸 것을 그 함수의 그래프라고 합니다.

x의 값정의역이 $\{-2, -1, 0, 1, 2\}$일 때, $y=2\times x$의 그래프를 그려 볼게요. 이제는 좌표평면 전체가 필요합니다. 스파이더맨, 준비 좀 해 주세요.

람보가 쏠 준비를 마쳤다고 하지만 순서쌍 없이는 좌표평면에 총을 쏘아 점을 만들지 못합니다. 기다리세요.

y의 값들치역을 찾아봅시다. y의 값은 식 $y=2\times x$를 이용하여 찾을 수 있다는 것을 앞에서 배웠습니다.

$y=2\times x$에서 $x=-2$를 대입합니다.

$y=2\times(-2)$를 계산하면 $y=-4$가 됩니다.

$-1, 0, 1, 2$도 똑같이 x자리에 대입하여 나타내면 y의 값들은 $-2, 0, 2, 4$의 순서대로 나옵니다.

자, x와 y를 가지고 순서쌍을 만들어 봅시다.

$(-2, -4), (-1, -2), (0, 0), (1, 2), (2, 4)$

졸고 있는 람보를 깨웁니다. 사격하라니까 다시 힘이 난 람보입니다. 역시 군인은 군인입니다.

람보가 사격한 것을 한번 살펴볼까요?

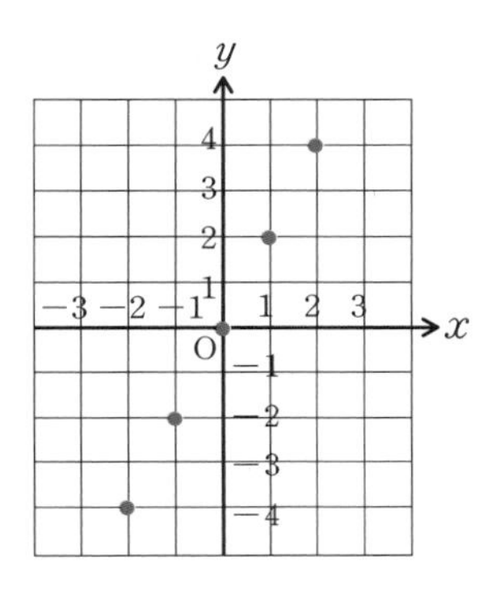

총알이 많이 남는다고 람보가 점과 점 사이에 한 방씩 더 쏘았습니다.

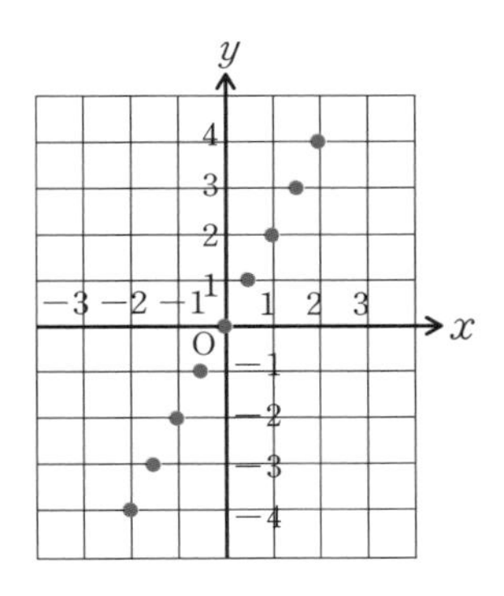

람보가 얼마나 많은 점을 총을 쏘아 만들었으면 점들이 모여 직선을 만들었습니다. 대단합니다.

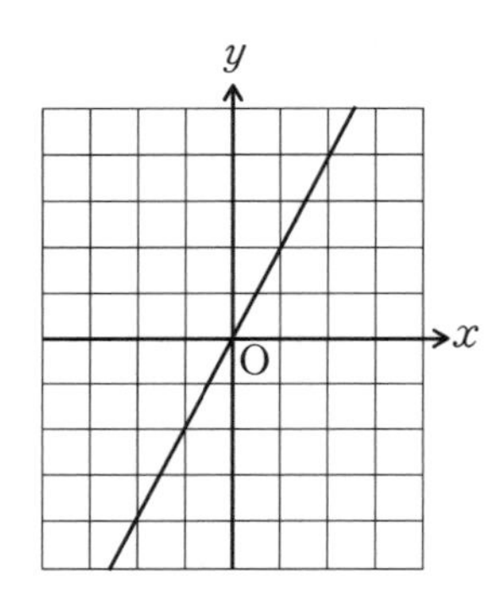

람보가 만든 그림을 보고 수학을 좀 설명해 주겠습니다.

첫 번째 그림과 두 번째 그림은 그냥 총을 사격한 결과입니다. 수학적으로 말하면 정의역의 원소의 개수에 따라 그래프의 점의 개수가 결정됩니다. 정의역의 개수가 5개니까 순서쌍이 5개 생겨서 점이 5개가 된 것입니다. 그러다 람보가 두 점 사이에 1개씩 더 쏘아 9개의 순서쌍을 만들면서 점이 9개가 된 것이지요. 그러다가 필받은 람보가 무지막지하게 쏘아서 정의역이 수 전체의 집합을 이루면서 급기야 직선이 되었답니다. 오, 마이 갓!

처음 그림의 점을 연결하면 직선이 생깁니다. 나중에 직선이 될 것을 예상할 수 있지요. 그래서 다음과 같은 이야기가 생길 수 있습니다.

다음 시간에는 쉬었다가 곡선이 만들어지는 함수를 좌표평면에서 한번 배워 보도록 할게요.

쏙쏙 이해하기

두 점을 지나는 직선은 오직 하나이므로 원점과 이 그래프가 지나는 다른 한 점을 찾아서 직선으로 연결하면 됩니다.

그래서 일차함수는 직선이 됩니다.

수업 정리

❶ 기하학도형을 다루는 예전 학문에서는 점들이 모여 직선을 만든다고 하였습니다.

❷ 일차식이란 x와 같이 문자 위의 차수가 1인 식을 말합니다.

❸ 함수의 그래프란 함수 $y=f(x)$에 대하여 x의 값에 대한 함숫값 y의 순서쌍 $(x,\ y)$를 좌표로 갖는 모든 점을 좌표평면에 나타낸 것을 말합니다.

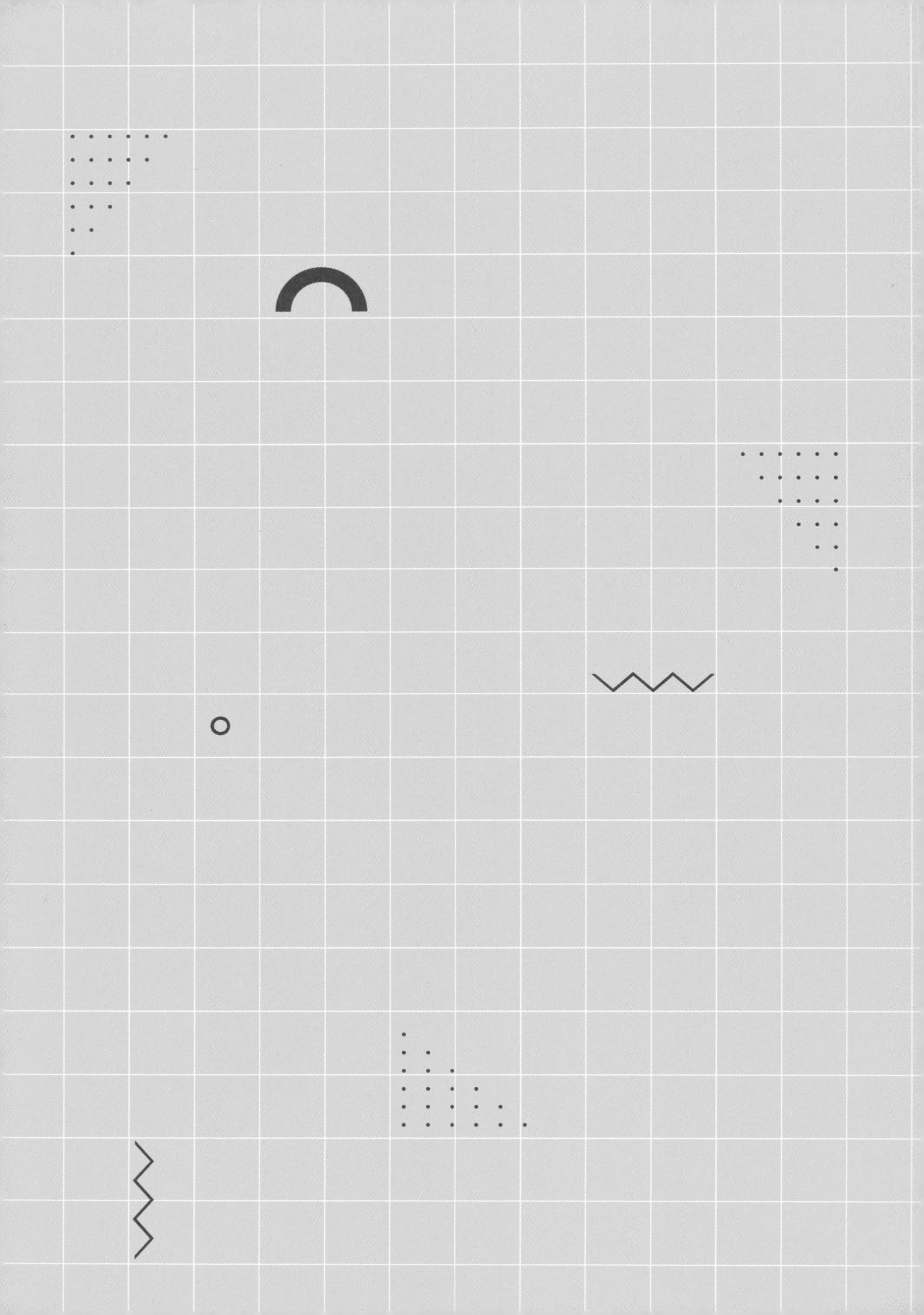

4교시

비례, 반비례와 그래프

그래프는 함수의 값을 좌표에 의해
나타낸 것을 말합니다.

수업 목표

1. 반비례가 좌표평면에서 어떤 모습인지 알아봅니다.
2. 비례 관계라는 말뜻을 알아봅니다.
3. 정비례와 반비례를 비교하여 공부해 봅니다.

미리 알면 좋아요

1. **비례 관계** 한 쪽이 2배, 3배, ……로 되면 다른 한 쪽도 2배, 3배, ……로 되는 것.
비례식 비의 값이 같은 두 비를 등식으로 나타낸 것.

2. **반비례** 역수로 비례하는 관계. 두 변수 x와 y가 정해진 규칙에 따라 변하면서 x가 2배, 3배, 4배, ……로 될 때 y는 $\frac{1}{2}$배, $\frac{1}{3}$배, $\frac{1}{4}$배, ……로 되면 y는 x에 반비례한다고 합니다.

3. **정비례** 관계 변하는 두 양 x와 y에서 x의 값이 2배, 3배, 4배, ……로 변함에 따라 y의 값도 2배, 3배, 4배, ……로 변할 때, x와 y는 정비례 관계에 있다고 합니다.
정비례 관계식 : $y=ax$ $(a\neq 0)$, 정비례의 성질은 $\frac{y}{x}=a$ (몫이 일정)

4. **반비례** 관계 변하는 두 양 x와 y에서 x의 값이 2배, 3배, 4배, ……로 변함에 따라 y의 값은 $\frac{1}{2}$배, $\frac{1}{3}$배, $\frac{1}{4}$배, ……로 변할 때, x와 y는 반비례 관계에 있다고 합니다.

데카르트의 네 번째 수업

반비례라는 말에 람보와 스파이더맨이 좀 긴장하는 눈치입니다. 그렇다면 분명 우리 학생들도 반비례라는 말을 듣고 당황할 것입니다.

그러면 함수의 용어인 반비례를 잠시 설명해 드리겠습니다.

사각형의 땅이 있습니다. 땅의 넓이=가로의 길이×세로의 길이인 것은 다 알고 있지요. 땅의 넓이를 12로 알고 있고 가로의 길이와 세로의 길이를 모른다면 가로의 길이를 x, 세로의 길이를 y로 둡시다. 그럼 식을 한번 세워 보겠습니다.

$x \times y = 12$

따라서 $y = \frac{12}{x}$가 됩니다. 즉, 분모 지역에 문자 x가 들어 있지요. 이런 식을 반비례라고 합니다. 참고로 $y = \frac{x}{12}$는 반비례가 아닙니다. 왜냐고요. x가 분자 지역에 있어서 그렇습니다. 반드시 분모 지역에 x가 있을 때 반비례라고 합니다.

그럼 이 반비례를 좌표평면에 나타내 보겠습니다.

구한 식에 주어진 x의 값들을 넣어 표를 만들어 보겠습니다.

앞에서 구한 순서쌍으로 좌표평면에 나타내 보이겠습니다.

x	1	2	3	4	5	6
y	12	6	4	3	2.4	2
(x, y)	$(1, 12)$	$(2, 6)$	$(3, 4)$	$(4, 3)$	$(5, 2.4)$	$(6, 2)$

스파이더맨 좌표평면을 만들어 주세요. 람보는 총 쏠 준비 하시고요. '탕! 탕! 탕!'

명사수입니다. 그림을 보세요.

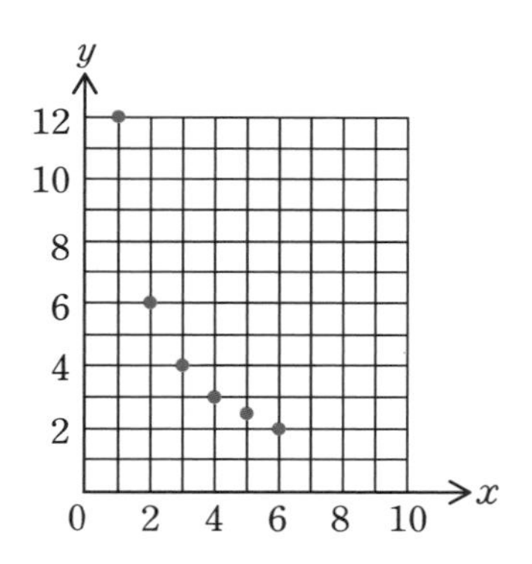

이 정도의 그림으로는 반비례가 좌표평면에서 어떠한 모습을 하고 있는지 잘 알 수가 없네요. 그래서 수의 범위를 초등학생의 자연수에서 중학생들이 배우는 정수의 범위까지 넓혀 봐야 알 수 있을 것 같습니다. 학년이 올라갈수록 수학이 어려워지는 것은 좀 더 수학적 표현이 가능하게 하기 위해서입니다. 반비례 경우만 봐도 그렇지 않습니까? 자연수만으로는 표현에 한계가 있지요. 그래서 수를 정수의 범위까지 키우는 것입니다.

이제 정수란 무엇인지를 알아야겠죠. 어렵지 않습니다. 자연수가 먼저 있습니다. 자연수 1보다 하나 작은 수는 0입니다. 그 다음으로는 1칸씩 작아지는 표현으로 −1, −2, −3, −4, …… 해서 계속 써 나가면 됩니다. 0을 중심으로 좌우로 대칭되게 써 가면 그게 바로 정수입니다. −2보다 −1은 1이 큽니다. −2가 큰 게 아니라 −1이 더 큽니다. 이 성질만 조심하면 됩니다.

자, 그럼 정수를 배웠으니 다시 좌표평면에 반비례 그림을 그려봅시다.

정의역이 $\{-8, -4, -2, -1, 1, 2, 4, 8\}$일 때, 다음의 반비례 $y=\frac{8}{x}$을 좌표평면에 나타내 볼게요.

일단 람보 씨가 총을 쏠 수 있도록 순서쌍으로 만들어 봅시다. 미안, 일단 표적인 좌표평면을 먼저 만들어야죠. 스파이더맨, 사분면의 좌표평면를 만들어 주세요. 정말 눈 깜짝할 사이에 만들었군요. 이제 식을 통해 순서쌍을 만들어 봅시다.

$y=\frac{8}{x}$에 순서대로 x에 -8을 대입하면 $y=-1$,

$x=-4$, $y=-2$,

$x=-2$, $y=-4$,

$x=-1$, $y=-8$,

$x=1$, $y=8$,

$x=2$, $y=4$,

$x=4$, $y=2$,

$x=8$, $y=1$이 계산하면 나오지요.

이것을 순서쌍으로 나타내 봅니다.

$(-8, -1)$, $(-4, -2)$, $(-2, -4)$, $(-1, -8)$, $(1, 8)$, $(2, 4)$, $(4, 2)$, $(8, 1)$

자, 람보 씨. 순서쌍이 위와 같이 나왔습니다. 인정사정 볼 것 없이 좌표평면에 쏴 주세요.

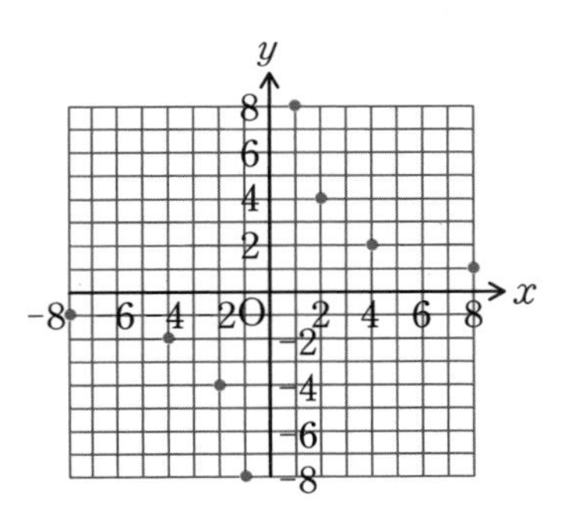

반비례가 대충 어떤 그림인지 눈에 좀 들어오네요.

이번에는 내가 직선 자를 사용하지 않고 직접 손만을 이용하여 점들을 연결해 보겠습니다. 이게 바로 반비례의 그림입니다.

아시겠죠. 좌표평면에서 우리는 그림을 그려서 판단합니다.

이쯤에서 한번 용어를 정리해야겠습니다.

쏙쏙 이해하기

- x축 : 두 수직선을 원점 O에서 수직으로 만나도록 할 때 가로의 수직선
- y축 : 두 수직선을 원점 O에서 수직으로 만나도록 할 때 세로의 수직선
- 좌표축 : x축과 y축
- 좌표평면 : 좌표축이 그려진 평면
- 원점 : 두 좌표축의 교점
- 순서쌍 : 순서를 생각하여 두 수를 짝 지어 나타낸 쌍
- 좌표 : 좌표평면에서 점의 위치를 나타내는 순서쌍
- x좌표 : 좌표에서 점의 x축의 위치
- y좌표 : 좌표에서 점의 y축의 위치
- 제1, 2, 3, 4사분면 : 좌표평면에서 좌표축에 의해 나누어지는 네 부분

한 번씩 생각해야 하는 것은 두 좌표축은 4개의 사분면의 경계선으로 어느 사분면에도 속하지 않습니다.

이제 다시 관계에 대해 알아보면 앞에서 비례 관계, 정비례 관계, 반비례 관계란 말을 많이 쓰는데 과연 비례 관계란 무엇인지 이번 시간을 통해 자세히 알아봅시다.

$y = 400 \times x$

1kg에 400원 하는 밀가루를 샀을 때, 밀가루의 무게 $x$kg과 밀가루의 값 y원과의 관계는 정비례 관계입니다. 즉, 무게가 늘어나면 가격이 비싸집니다. 이러한 관계를 정비례 관계라고 합니다. 이것을 좌표평면에 나타내 보겠습니다.

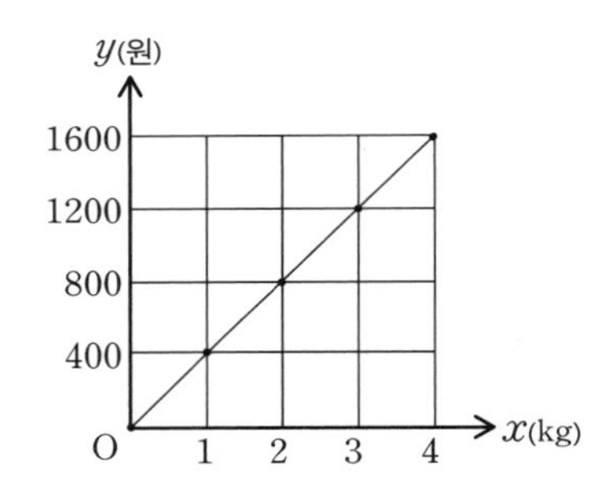

이제 반비례에 관해 알아보겠습니다.

$y = 420 \div x$

경부 고속도로의 길이는 약 420km입니다. 1시간 동안 가는 거리 $x$km와 부산까지 가는 데 걸린 시간 y시간과의 관계는 반비례 관계입니다. 이것을 좌표평면에 그림으로 나타내 봅니다.

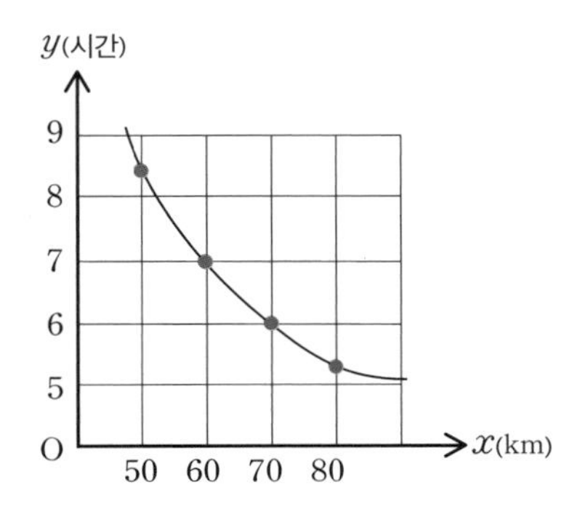

이제 정비례 관계와 반비례 관계에 대해 좀 더 알아봅시다.

정비례는 서로 대응하여 변하는 두 양 x, y가 있을 때, x의 값이 2배, 3배, ……로 변하면 y의 값도 2배, 3배, ……로 변합니다. 반비례는 서로 대응하여 변하는 두 양 x, y가 있을 때, x의 값이 2배, 3배, ……로 변하면 y의 값은 $\frac{1}{2}$배, $\frac{1}{3}$배, ……로 변합니다.

정비례와 반비례가 만드는 점들을 연결하여 쉽게 알아보도록 그려 보겠습니다.

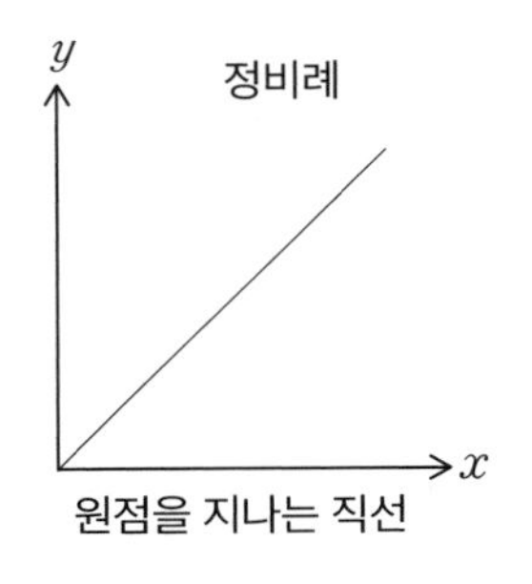

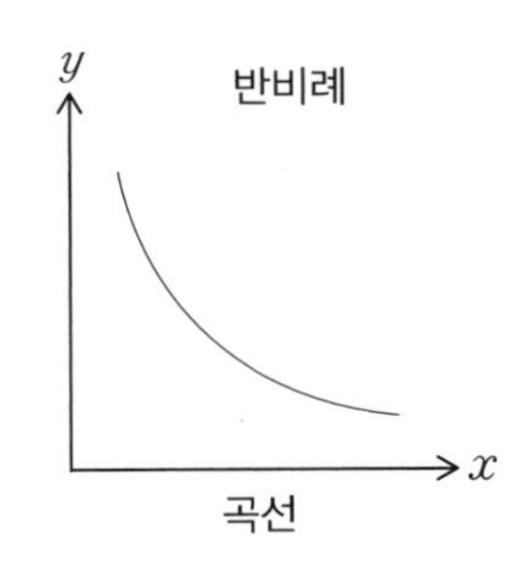

정비례 관계와 반비례 관계란 어떤 걸까요?
저요
척!
1kg에 400원짜리 밀가루를 샀는데 밀가루 2kg은 그 늘어난 만큼이나 가격도 더 비쌉니다.
5kg은 더더욱 비싸겠고요.
이런 관계가 정비례 관계입니다. 으하하!
하하
반비례는 정비례의 반대입니다.
헉, 반비례가 정비례의 반대라고요?
그, 그게 그러니까 우물쭈물~.
정비례 관계는 x의 값이 2배, 3배, ……로 변하면 y의 값도 2배 3배, ……로 변합니다.
y
x
척!
반비례는 서로 대응하여 변하는 두 양 x, y가 있을 때, x의 값이 2배, 3배, ……로 변하면 y의 값은 $\frac{1}{2}$배, $\frac{1}{3}$배, ……로 변합니다.
y
x
그래프로 보니까 확실히 알겠군.
모르는 것 같죠?
확실히.
긁적
흠

이왕 공부한 것 중학생이 배우게 되는 정비례의 그래프와 반비례의 그래프를 공부하며 마치도록 해 봅시다.

그래프는 함수의 값을 좌표에 의해서 나타낸 것을 말합니다.

함수의 그래프에서 정의역이 유한집합이면 그래프는 점으로 나타나게 되며, 정의역이 수 전체집합이면 선으로 나타나게 됩니다. 정의역이 유한집합이면 정의역의 원소의 개수와 좌표평면 위의 그래프가 나타내는 점의 개수는 같습니다.

이제 정비례 함수를 나타내는 함수 $y=ax(a\neq0)$의 그래프를 알아보겠습니다.

$y=ax(a\neq0)$의 그래프 그리는 방법으로는 원점 이외의 그래프 위의 한 점을 찾습니다. 두 점이 생기면 직선 하나가 만들어집니다. 그 그래프가 바로 $y=ax(a\neq0)$의 그래프입니다.

그럼 함수 $y=ax(a\neq0)$의 그래프 특징을 알아보겠습니다.

$x=0$일 때 $y=0$이므로 원점 $(0, 0)$을 지납니다. 따라서 그래프 위에 있는 원점이 아닌 다른 한 점을 알면 그래프를 좌표평면 위에 그릴 수 있습니다.

여기서 '변수 a가 양수'라면 식으로는 '$a>0$'입니다. 그래프는 오른쪽 위로 향하는 직선을 좌표평면에 그릴 수가 있습니다. 이 그래프는 x의 값이 증가하면 y의 값도 증가하게 됩니다. 그리고 제1사분면과 제3사분면에 그려지게 되는데 이것을 수학적으로는 '지난다'는 말로 나타냅니다.

또, '변수 a가 음수'라면 식으로는 '$a<0$'입니다. 그래프는 오른쪽 아래로 향하는 직선입니다. x의 값이 증가함에 따라 y의 값은 감소하게 됩니다. 이 직선은 제2사분면과 제4사분면에 그려지게 되는데 이 또한 '지난다'는 말로 나타냅니다.

이런 말을 하면 좀 어렵지만 a의 절댓값이 커질수록 그래프가 y축에 가까워집니다. 절댓값이란 양수든 음수든 다 양수화시키는 것을 말합니다. 기호에 대해선 말하지 않겠습니다.

이 단원의 끝으로 반비례의 그래프에 대해 알아보겠습니다.

반비례 $y=\frac{a}{x}(a\neq0)$의 그래프입니다.

x, y값의 순서쌍을 몇 개 구하고 이들을 좌표평면에 표시하면 곡선으로 연결됩니다.

$x\neq0$이므로 원점을 지나지 않는 한 쌍의 매끄러운 곡선입니다.

$a>0$일 때의 그래프는 제1사분면과 제3사분면 위에 있습니

다. x의 값이 증가하면 y의 값은 감소합니다.

$a<0$일 때의 그래프는 제2사분면과 제4사분면 위에 있습니다. x의 값이 증가하면 y의 값도 증가합니다.

a의 절댓값이 커질수록 그래프가 원점에서 멀리 떨어져 있는 그림이 됩니다.

정비례와 반비례의 그림을 몽땅 다 보여 주고 마치겠습니다.

[정비례]

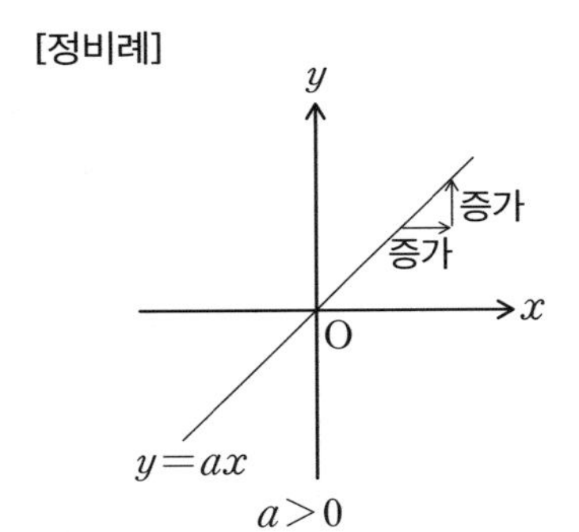

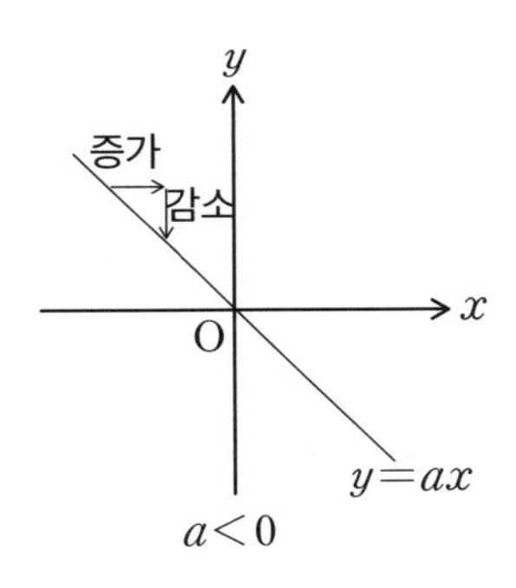

[반비례]

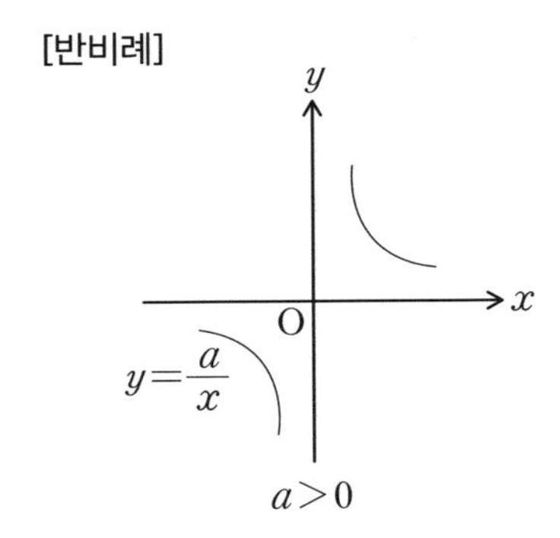

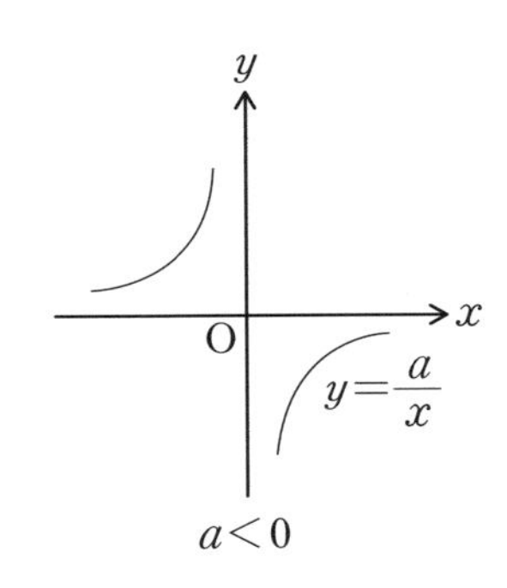

수업 정리

❶ 함수 $y=ax(a\neq0)$의 그래프

$x=0$일 때 $y=0$이므로 원점 $(0, 0)$을 지납니다. 따라서 그래프 위에 있는 원점이 아닌 다른 한 점을 알면 그래프를 좌표평면 위에 그릴 수 있습니다.

❷ 반비례 $y=\dfrac{a}{x}(a\neq0)$의 그래프

x, y값의 순서쌍을 몇 개 구하고 이들을 좌표평면에 표시하면 곡선으로 연결됩니다. $x\neq0$이므로 원점을 지나지 않는 한 쌍의 매끄러운 곡선입니다.

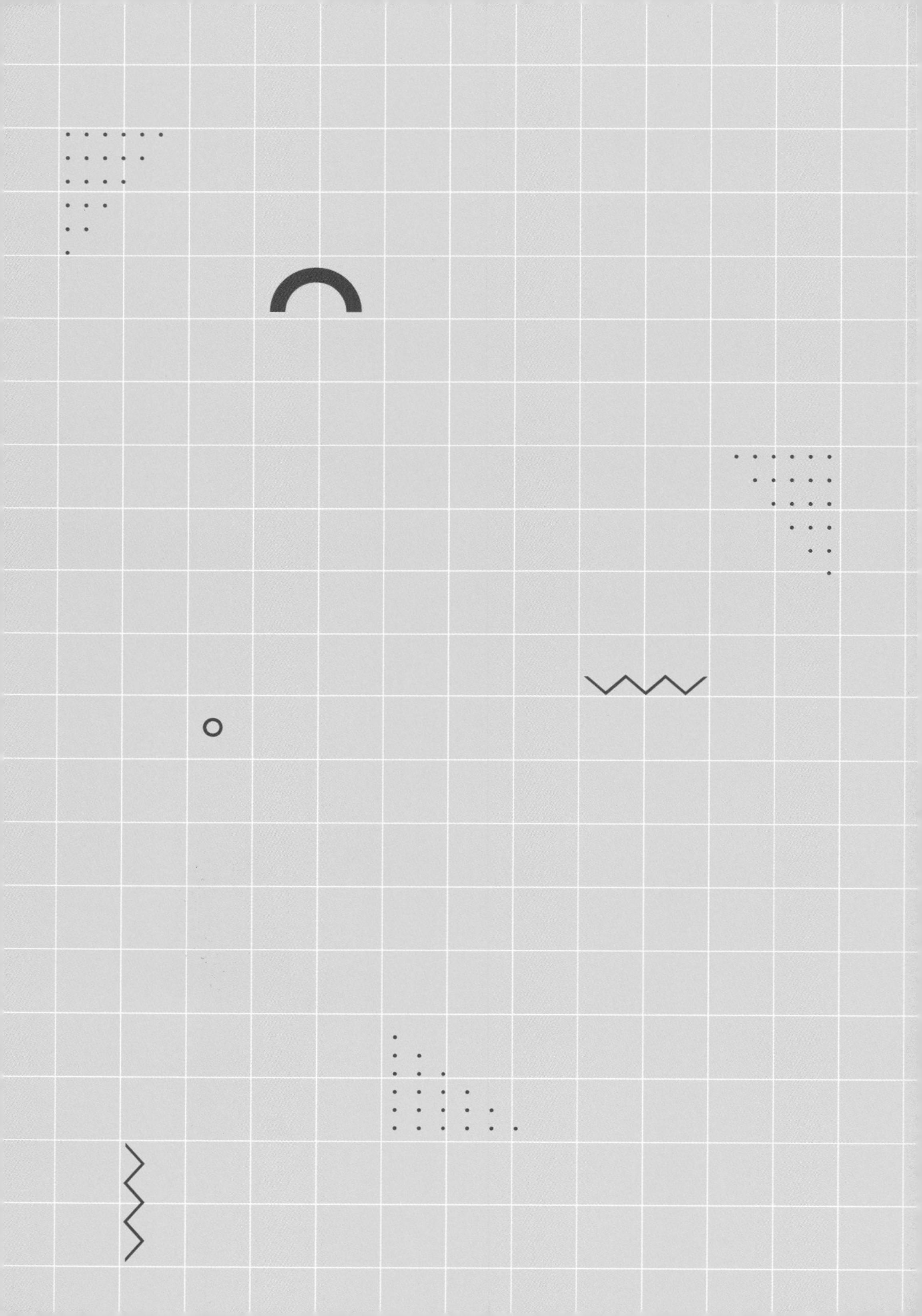

5교시

좌표, 차원과 그래프

일반적으로 1차원은 선, 2차원은 면,
3차원은 공간이라고 생각합니다.

수업 목표

1. 차원에 대해 알아봅니다.
2. 공간좌표에 대해 공부해 봅니다.
3. 좌표평면 위에 나타내는 그래프에 대해 알아봅니다.
4. 일차함수의 그래프의 이동에 대해 배웁니다.
5. 이차함수의 그래프에 대해서 배웁니다.
6. 3차원을 표현하는 공간좌표에 대해 알아봅니다.

미리 알면 좋아요

1. **차원** 1차원은 선, 2차원은 면, 3차원은 공간이고 4차원은 시간이란 요소가 추가됩니다.

2. **일차함수** 함수 y가 x의 일차식으로 된 함수. 즉, $y=ax+b$의 꼴로 나타냅니다. 일차함수는 $y=ax+b(a\neq 0)$의 그래프는 직선이며, 일차함수 $y=ax+b$는 $y=ax$의 그래프를 y축의 양의 방향으로 b만큼 평행이동한 것입니다.

3. **이차함수** 함수 y가 x의 이차식으로 된 함수. 따라서 이차함수는 $y=ax^2+bx+c(a\neq 0,\ a,\ b,\ c$는 실수)의 형태로 나타냅니다. 이차함수 $y=ax^2+bx+c$의 그래프는 포물선입니다.

데카르트의 다섯 번째 수업

이제는 차원이라는 개념을 좌표를 통해 설명해 보겠습니다. 그럼 먼저 차원에 대해서 알아봅시다.

람보가 "우리는 차원이 달라요." 하며 스파이더맨을 가리키자, 스파이더맨은 무슨 말인지 몰라 씩 웃습니다. 내가 볼 때 정말 그런 것 같아요. 람보가 더 차원이 높은 것이 아니라 빌딩과 빌딩 숲을 거미줄 하나로 돌아다닐 수 있는 스파이더맨이 땅바닥에서 총을 쏘는 람보보다는 공간적으로 한 차원 높다고 볼

수 있습니다. 그럼 차원에 대해 수학적으로 살펴봅시다.

차원에 대해서 일반적으로 1차원은 선, 2차원은 면, 3차원은 공간이라고 생각합니다.

그렇기 때문에 보통 4차원으로 들어가면 머리가 복잡해집니다. 공간보다 한 요소가 더 생기기 때문이지요. 4차원은 조금 있다가 다시 알아보도록 하고 보통 차원을 다음과 같이 정의하기도 합니다.

차원

x차원에서, 어떤 지점의 위치를 결정하기 위해서는 x개의 좌푯값이 필요하다.

위의 정의에 따라서 각각의 차원을 정의해 보겠습니다. 우선, 1차원은 어떤 물체의 위치를 결정하기 위해서 하나의 좌푯값만이 필요합니다.

간단하게 1차원적인 것을 떠올려 보면, 수직선이 있습니다. 이 수직선 위의 어떤 한 곳을 나타내려면 하나의 좌푯값만 있으면 충분합니다.

2차원의 경우는 한 지점을 나타내기 위해서는 2개의 좌표가 필요합니다.

이는 수학의 좌표평면에 적용시킬 수 있습니다. 좌표평면상의 모든 점은 x좌표와 y좌표, 이렇게 두 가지의 좌푯값만으로 나타내어질 수 있습니다.

3차원은 3개의 좌표를 이용하여 한 곳의 위치를 정합니다. 3차원을 나타내는 좌표는 공간좌표라고 하며 고등학생이 되면 배우게 됩니다. 좌표로는 x의 좌표와 y의 좌표, z의 좌표로 3개가 필요합니다.

그럼 세 번째 등장한 z의 좌표는 무엇을 나타낼까요? 그것은 높이를 나타냅니다.

공간좌표에 대해 좀 더 알아보겠습니다.

공간좌표

평면 위에서 점의 위치는 한 점 O에서 직교하는 두 수직선을 x축, y축으로 하여 아래의 그림과 같이 두 실수로 이루어지는 순서쌍 $P(a, b)$로 나타냅니다.

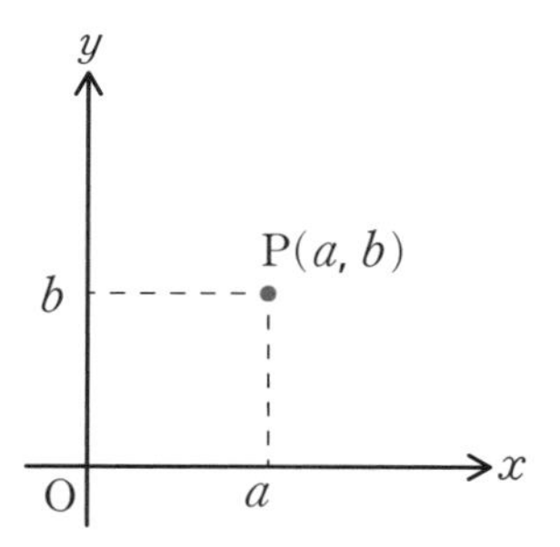

이를 확장하여 공간의 점을 나타내는 방법을 알아보겠습니다.

다음의 그림과 같이 한 점 O에서 서로 직교하는 세 수직선을 그어 그 각각의 수직선을 x축, y축, z축이라 하고 점 O를 원점이라고 합니다.

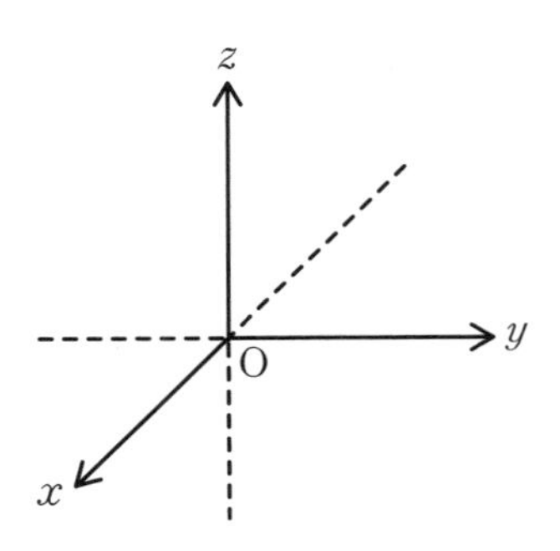

이때 이 세 축을 공간의 좌표축이라고 합니다. 또 x축과 y축으로 만들어지는 평면을 xy평면, y축과 z축으로 만들어지는 평면을 yz평면, z축과 x축으로 만들어지는 평면을 zx평면이라고 하며 이들을 통틀어 좌표 공간이라고 합니다.

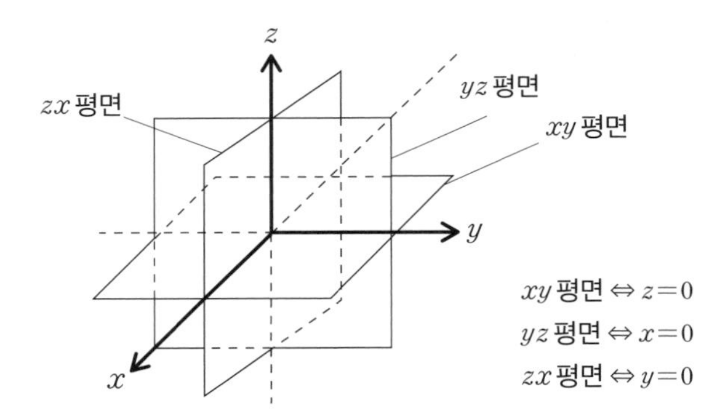

좌표 공간을 알았으니 공간 좌표를 한 번 찍어 보도록 합시다.

공간에 있는 임의의 점 P에 대하여 점 P를 지나고 각각 yz평면, zx평면, xy평면에 평행한 평면과 x축, y축, z축 위에서의 좌표를 각각 a, b, c라 하면, 점 P에 짝 지어지는 세 수의 순서쌍 (a, b, c)가 생깁니다. 이때 점의 좌표를 공간 좌표라고 합니다.

예를 들어, 점 A$(3, 4, 6)$를 좌표 공간에 찍어 보겠습니다.

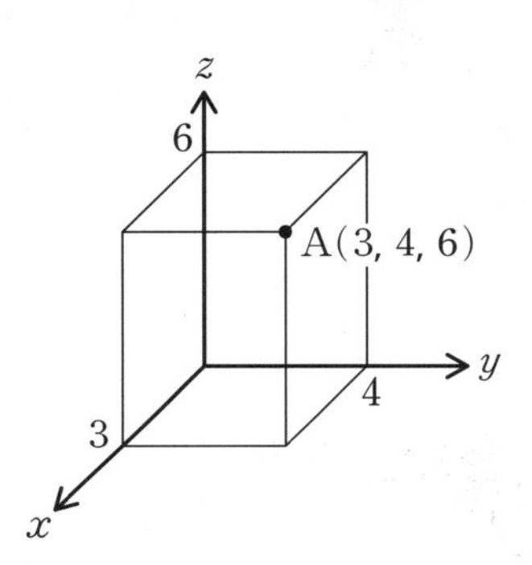

이제4차원을 생각해 보겠습니다. 4차원이라면 어떤 지점을 결정하는 데 4개의 좌표가 필요하겠지요.

4차원에서 사용되는 네 번째 요소는 시간입니다.

4차원을 연구하면 언젠가 타임머신을 타고 4차원 공간을 들락거릴 수 있을 겁니다.

스파이더맨과 람보는 빨리 가고 싶다고 수학 공부 열심히 하자고 합니다.

하하하! 쉬지도 못하고 바로 내가 만든 좌표에 대해 알아봅니다.

내가 좌표를 만들어 냄으로 인해 많은 수학자가 도형을 좌표에 표현하게 되었습니다. 직선도 좌표에 나타낼 수 있고 점, 원 등 많은 도형이 나의 좌표에서 뛰어놀게 되었답니다. 때로는 이동하기도 하고 때로는 서로 부딪치기도 하면서 정말 도형들은 좌표평면에서 잘 놉니다. 이제부터 그 현장을 살펴 볼 거예요.

등장인물 일차함수입니다. 일차함수는 직선을 나타냅니다. 직선방정식이라고도 할 수 있습니다.

$y=ax(a\neq0)$입니다. 이 모습 기억나죠. 아주 곧바른 녀석입니다. 쑥쑥 그어지는 직선입니다. 이 녀석은 좌표평면에서 항상 $(0, 0)$을 지납니다. 하지만 이 녀석도 인간처럼 암수가 있습니다. 암수란? 양수, 음수를 말합니다. 즉, $a>0$인 a가 양수이면 직선은 제1, 3사분면을 지납니다. 오른쪽 끝이 위로 향하는 직선의 모습입니다. 좀 있다가 그의 곧바른 모습을 보시고 지금은 $a<0$인 a가 음수인 경우를 말해 볼게요. a가 음수이면 오른쪽 끝이 아래로 내려가는 직선이 되지요. 그리고 원점을 통과하면서 제2, 4사분면을 지나게 됩니다.

$y=ax(a\neq0)$ 그래프가 좌표평면에서 노는 모습을 아래에서 봅시다.

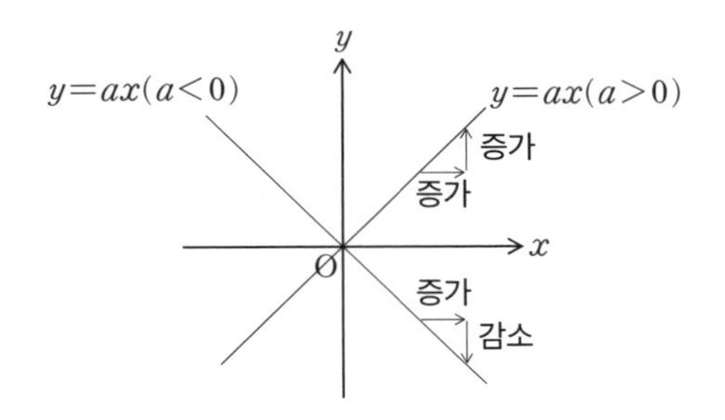

이제 이 직선이 원점에서 벗어나 좌표평면을 자유롭게 뛰어다니는 모습을 좀 볼까요? 자유는 누구에게나 중요한 것입니다. 뛰어논다고 표현하니까 좀 어색한가요? 그럼 평행이동 한다는 말로 좀 유식하게 바꿀까요?

평행이동

한 도형을 일정한 방향으로 일정한 거리만큼 이동시키는 것입니다.

다음은 함수 $y=ax$의 그래프를 y축의 방향으로 b만큼 평행이동하여 좌표평면에 나타내 볼까요? 팔딱! 팔딱! 뛰는 $y=ax$의 그래프를 살펴봅시다.

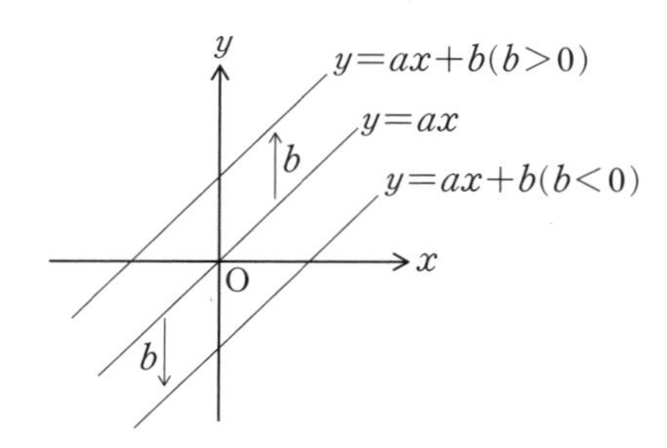

b가 $b>0$인 양수이면 y축의 양의 방향으로 이동합니다. 위로 폴짝!

b가 $b<0$인 음수이면 y축의 음의 방향으로 이동합니다. 아래로 쭉!

정말 재미나게 놀지요. 일차함수, 그의 모양은 직선입니다. 그들은 정말 좌표평면에서 재미나게 놀고 있습니다.

앞에서 이야기했듯 이 직선들은 때론 부딪쳐 싸우기도 합니다.

"뭐? 직선들이 부딪쳐 싸운다고, 마치 동물처럼?"

그럼요. 그들도 마치 동물처럼 으르렁거리며 싸우기도 합니다. 보고 싶다고요? 나 데카르트가 거짓말할 것 같아요? 보여 줄게, 재미나게 봐 주세요.

연립방정식과 해 그리고 그래프라는 곳에서 그런 장면들이 나옵니다.

싸우려고 하면 대적할 두 녀석이 꼭 있어야 합니다. 왜? 혼자 싸울 수는 없잖아요. 그래서 연립방정식이 등장하는 것입니다. 연립방정식은 어떤 모습일까요. 아래를 보세요.

$x-y=1$

$x-3y=-3$

겉모습은 평범해 보이지요. 하지만 이들을 알아보려면 x를 없애든가, y를 없애야만 둘 중에 한 녀석의 정체를 알 수 있습니다. 아마도 여러분은 연립방정식이란 단원에서 배웠을지도 모르겠습니다. 가감법이라는 거친 방법을 알고 있나요? 한 문자를 소거해 내는 날카로운 방법입니다.

$x-y=1$은 가만히 두고 $x-3y=-3$을 위 식에서 빼 버립니다, 말도 없이. 그럼 x끼리 없어져 버리고 $-y$와 $+3y$를 계산해야 합니다. 여기서 잠깐, '식을 뺀다.'는 말은 '그 식의 부호를 몽땅 바꿔 더해도 된다.'는 말입니다. 그래서 $-3y$가 $+3y$로 변했지요. $-y$와 $+3y$를 더하면 $+2y$가 나오지요. 그리고 1과 -3이 변한 $+3$을 계산하면 $1+3$으로 4가 됩니다.

정리해 보겠습니다.

$2y=4$가 되서 $y=2$입니다. $y=2$를 처음 식 $x-y=1$에 대입합니다. 그럼 $x-2=1$이 됩니다. 다시 정리하면 $x=3$이 되지요. 잘 기억하세요. $x=3$, $y=2$입니다. 이것을 순서쌍으로 나타내면 $(3, 2)$입니다. $(3, 2)$는 분명 $(2, 3)$과는 다릅니다. 왠지 알죠. 순서쌍에서 순서가 바뀌면 그 의미는 완전히 달라집니다.

자, 그럼 $(3, 2)$에서 두 직선이 싸우는 장면을 한번 봅시다.

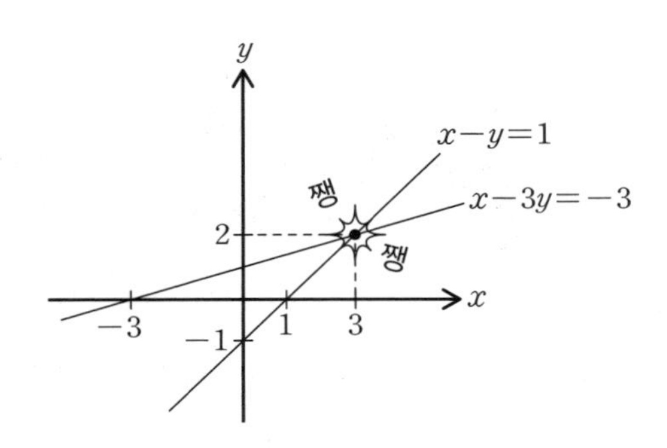

이런 모습을 지닌 방정식을 연립방정식이라고 합니다.
$x-y=1$
$x-3y=-3$
척
이 두 녀석을 그래프에 그리면 한 점에서 만난답니다.
연립방정식은 그래프에서 반드시 만나나요?
물론 만나지 않는 연립방정식도 있지만 이 두 녀석은 한점에서 만나 으르렁거리며 싸우게 된답니다.
하하하
마치 우리 둘처럼요.
$x-y=1$에서 $x-3y=-3$을 빼고 여러 계산 과정을 거쳐
$2y=4$가 돼서 $y=2$가 됩니다.
삭
$y=2$를 $x-y=1$에 대입하면 $x-2=1$이 되니까 $x=3$이네요.
또 잘난 척을!
$x=3, y=2$
바로 이 점에서 만나서 싸웁니다.
척
한번 해 볼까?

하지만 연립방정식이라고 맨날 좌표평면에서 싸우는 것은 아닙니다. 때로는 삐쳐서 서로 평행하기도 하고 언젠가는 서로 사랑한다고 찰싹 달라붙어 다니기도 합니다. 바로 두 직선이 일치할 때입니다. 연립방정식을 앞에서 배운 친구들은 그 장면을 떠올려 보세요. 그런 인간적인 냄새가 날 거예요.

이제 이차함수가 좌표에서 뛰어노는 장면을 보기로 합시다. 그런데 이차함수는 어떤 모습이지요? 앞에서 배운 친구들도 있지만 시간이 지나면 까먹기 마련이지요. 그래서 이차함수를 한 번 설명하겠습니다.

이차함수의 모양은 크게 두 가지로 나눌 수 있습니다. 물을 담을 수 있는 바가지 형태의 그래프 모양과 물을 쏟아지게 하는 바가지가 뒤집어진 형태입니다.

물을 담을 수 있는 모양부터 살펴볼까요?

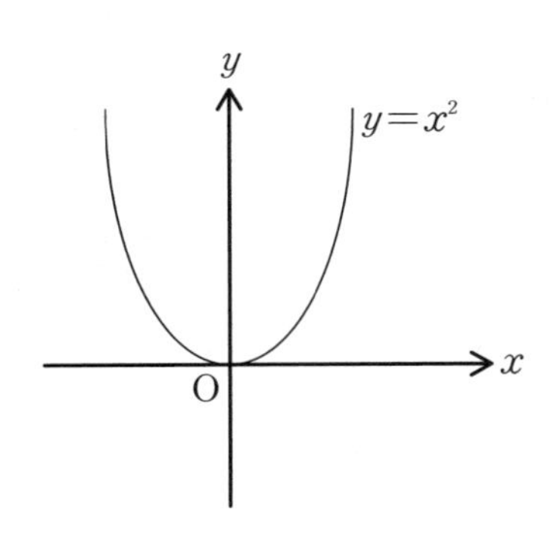

이차함수 $y=x^2$의 그래프입니다. 이 그래프는 원점 O를 지나고 아래로 볼록한 형태의 그림입니다.

이 그래프는 주로 제1, 2사분면에서만 놀지요. 제3, 4사분면에서는 거의 놀지 않죠. 이 그래프의 특징으로는 y축에 대하여 대칭입니다. y축에 대하여 대칭이라는 말은 y축으로 접으면 서로 겹쳐진다는 이야기입니다. 그리고 $x<0$인 범위에서는, 즉 제2사분면의 그림은 x가 증가할 때 y의 값은 감소하게 됩니다. 이건 이론이라기보다는 그림을 보며 이해해야 합니다. 반대로 $x>0$인 1사분면의 그림을 유심히 보면 x가 증가함에 따라 y의 값도 증가합니다.

그리고 원점 이외의 부분은 모두 x축보다 위에 있습니다. 좀

전에 말했잖아요. 그래프가 제1, 2사분면에서 노는 말, 그 말이 바로 이 말입니다.

이제 $y=x^2$과는 반대 성질을 가지고 있는 물을 쏟아 버리는 녀석인 $y=-x^2$의 그래프입니다.

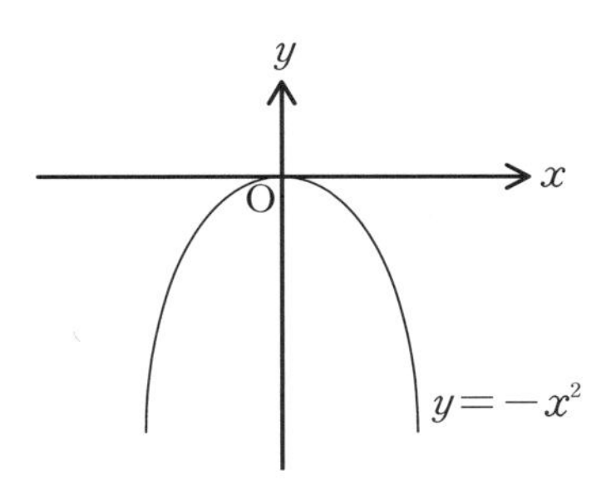

원점 O를 지나고 위로 볼록합니다. 위가 볼록하고 아래가 열려있으니 물을 쏟지요. 하지만 $y=x^2$과 같은 점도 있습니다. 이 녀석도 y축에 대하여 대칭이라는 점입니다. $x<0$인 지역에서는 x가 증가할 때 y의 값이 증가합니다. $x>0$인 지역에서는 x가 증가할 때 y의 값은 감소합니다.

원점 이외의 부분은 모두 x축보다 아래에 있습니다. 그 말은 제3, 4사분면에서 논다는 뜻입니다.

이 정도 기본 상식을 알았으니 좌표평면에 나타내도록 합시다. 사실은 기본 상식이 없이도 그림을 그릴 수 있습니다. 마치 우리가 오락기의 구조를 모르고도 오락을 즐길 수 있듯이 말입니다. 수학도 숫자를 차례로 대입해 버리면 간단합니다. 해 보겠습니다.

두 이차함수 $y=x^2$, $y=2x^2$을 먼저 좌표평면에 나타내려고 하는데 그 전에 간단한 표를 하나 만들어 볼게요.

x	……	-3	-2	-1	0	1	2	3	……
x^2	……	9	4	1	0	1	4	9	……
$2x^2$	……	18	8	2	0	2	8	18	……

이 표를 이용하여 좌표평면에 그림을 나타내보도록 합니다.

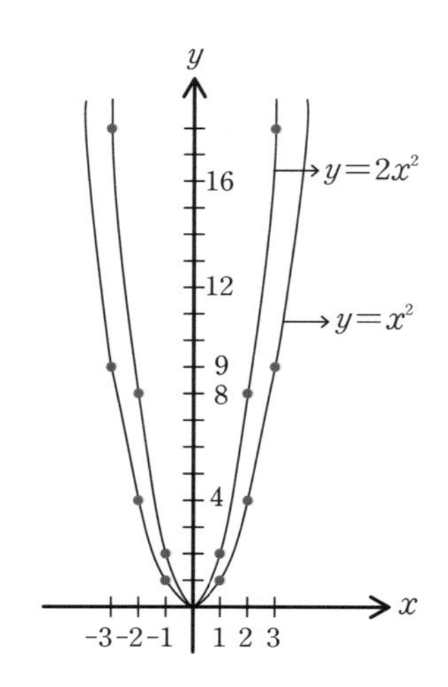

좌표평면에서 살펴보니 $y=2x^2$ 이 $y=x^2$보다 더 뾰족하니까 다룰 때 조심하세요. 찔리면 아파요. 여기서 잠깐! x^2 앞의 수가 크면 클수록 뾰족해진다는 것을 알 수 있지요. 100 정도만 돼도 송곳 수준일 것입니다.

이제는 바가지가 엎어져 있는 그림의 그래프 두 가지를 살펴볼게요.

두 이차함수 $y=-x^2$, $y=-2x^2$의 그래프를 알아봅니다.

x	……	-3	-2	-1	0	1	2	3	……
$-x^2$	……	-9	-4	-1	0	-1	-4	-9	……
$-2x^2$	……	-18	-8	-2	0	-2	-8	-18	……

위 표를 이용하여 바가지 엎어진 그림을 좌표평면에서 살펴볼게요. 표로는 좀 부족한 것 같아서 순서쌍으로 나타내 보겠습니다. 앞에 것은 그냥 해 보니 학생들이 좀 힘들어했어요.

$(-3, -9)$, $(-2, -4)$, $(-1, -1)$, $(0, 0)$, $(1, -1)$, $(2, -4)$, $(3, -9)$는 $y=-x^2$의 순서쌍입니다.

그리고 $(-3, -18)$, $(-2, -8)$, $(-1, -2)$, $(0, 0)$, $(1, -2)$, $(2, -8)$, $(3, -18)$은 $y=-2x^2$의 순서쌍입니다.

간만에 람보를 불러 총 솜씨를 좀 볼까요. 람보 부탁해요.

탕! 탕! 탕!

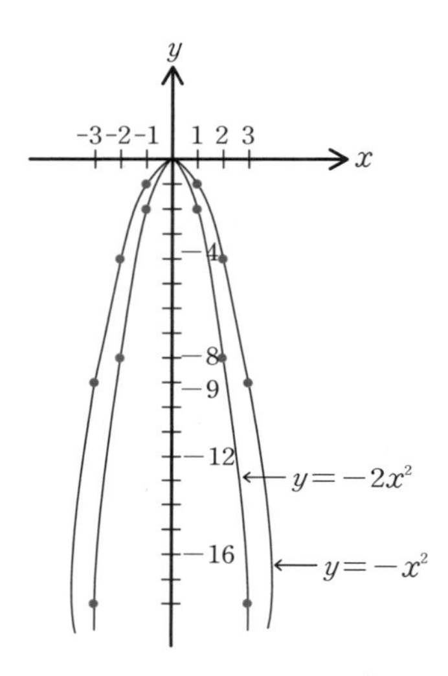

이때 스파이더맨과 람보가 항의합니다. 철사와 거미줄을 이용하여 이차함수를 좌표평면에 나타낼 수 있다고 하네요. 오호, 재미겠네요. 그들의 팬터마임을 지켜봅시다.

람보 씨가 일단 직선의 철사를 들고 나옵니다. 그 철사로 땅을 '탕! 탕!' 쳐 보지만 휘어지거나 끊어지지 않습니다. 철사가 제법 단단한 모양입니다.

이때 '얍'하고 람보가 기합을 주자 철사가 휘어지기 시작합니다. 이때 스파이더맨이 들고 있는 숫자판에 1이라고 쓰여 있습니다. 그러자 람보가 고개를 끄덕입니다. 아하! x^2의 계수가 1인 경우라는 뜻인 것 같습니다. 그다음 스파이더맨이 2라는 숫자판을 들자, 람보는 힘을 더 가하여 구부러진 철사를 더 구부립니다. 그렇습니다. x^2의 계수가 크면 클수록 철사가 더 구부러지는 포물선이 됩니다. 그들은 포물선, 즉 이차함수에 대해 잘 표현하고 있습니다. 웃기지만 많이 연구한 것 같습니다.

이때 내가 $y=ax^2$에서 a가 양수일 때와 a가 음수일 때는 어떻게 다르냐고 물어봤습니다.

람보는 말없이 웃으면서 고개를 끄덕이며 다음 동작을 합니다. 이때 스파이더맨이 좀 전의 숫자판에 '$a>0$'이라는 글을 적어 들고 나옵니다. $a>0$이라는 말은 a가 양수라는 뜻입니다. 람보 씨가 동작을 취합니다. 람보 씨가 직선의 철사에 힘을 가하자 아래로 철사가 불룩해지며 휘어집니다. 아래가 볼록한 포물선이 만들어졌습니다. 이번에는 스파이더맨이 '$a<0$'이라는 판을 들고 주변을 바람 잡듯이 걸어 다닙니다.

람보는 a가 음수일 때라는 표시판을 보자 이번에도 힘을 가합니다. 그러자 위로 볼록한 곡선이 생깁니다. 그렇습니다. a가 음수이면 위로 볼록한 포물선인 이차함수가 만들어집니다.

람보와 스파이더맨이 많이 연구한 것 같습니다. 내가 박수를 치자, 스파이더맨이 손사래를 치며 박수를 중지 시킵니다. 왜 일까요? 스파이더맨은 아직 끝난 것이 아니라고 하네요. 스파이더맨은 람보가 만든 철사 포물선 위에 거미줄을 쳐서 마치 좌표평면에 그려진 포물선을 만들어 학생들에게 가르칠 때 사용하라며 나에게 선물을 합니다.

너무 고마워요! 그럼 오늘 수업은 이것으로 마치겠습니다.

수업 정리

❶ **공간좌표** 공간에 주어진 임의의 한 점을 P라 할 때, 세 실수의 순서쌍 (a, b, c)에 공간의 한 점 P를 대응시킬 수 있습니다. 이때 점 P에 대응하는 실수의 순서쌍 (a, b, c)를 점 P의 공간좌표라고 합니다. 기호로는 $\mathrm{P}(a, b, c)$로 나타냅니다.

❷ **평행이동** 한 도형을 일정한 방향으로 일정한 거리만큼 이동시키는 것입니다.

❸ $y=ax+b$의 그래프에서

b가 $b>0$인 양수이면 y축의 양의 방향으로 이동합니다.

위로 평행이동

b가 $b<0$인 음수이면 y축의 음의 방향으로 이동합니다.

아래로 평행이동

❹ 연립방정식은 두 개 이상의 미지수를 포함한 방정식이 여러 개 묶인 것입니다. 연립방정식에서 구하는 미지수의 값은 모든 방정식을 동시에 만족시켜야 합니다. 이러한 미지수의 값을 연립방정식의 해나 근이라고 하고, 그 해를 구하는 것을 '연립방정식을 푼다.'라고 합니다.

❺ 이차함수 $y=x^2$의 그래프

- 꼭짓점의 좌표 : 원점 $(0, 0)$
- 축 : y축 (또는 $x=0$)
- 아래로 볼록한 모양입니다.
- $x<0$일 때, x의 값이 증가하면 y의 값은 감소하고,
  $x>0$일 때, x의 값이 증가하면 y의 값도 증가합니다.
- 원점을 제외하고 모두 x축보다 위쪽에 있습니다.

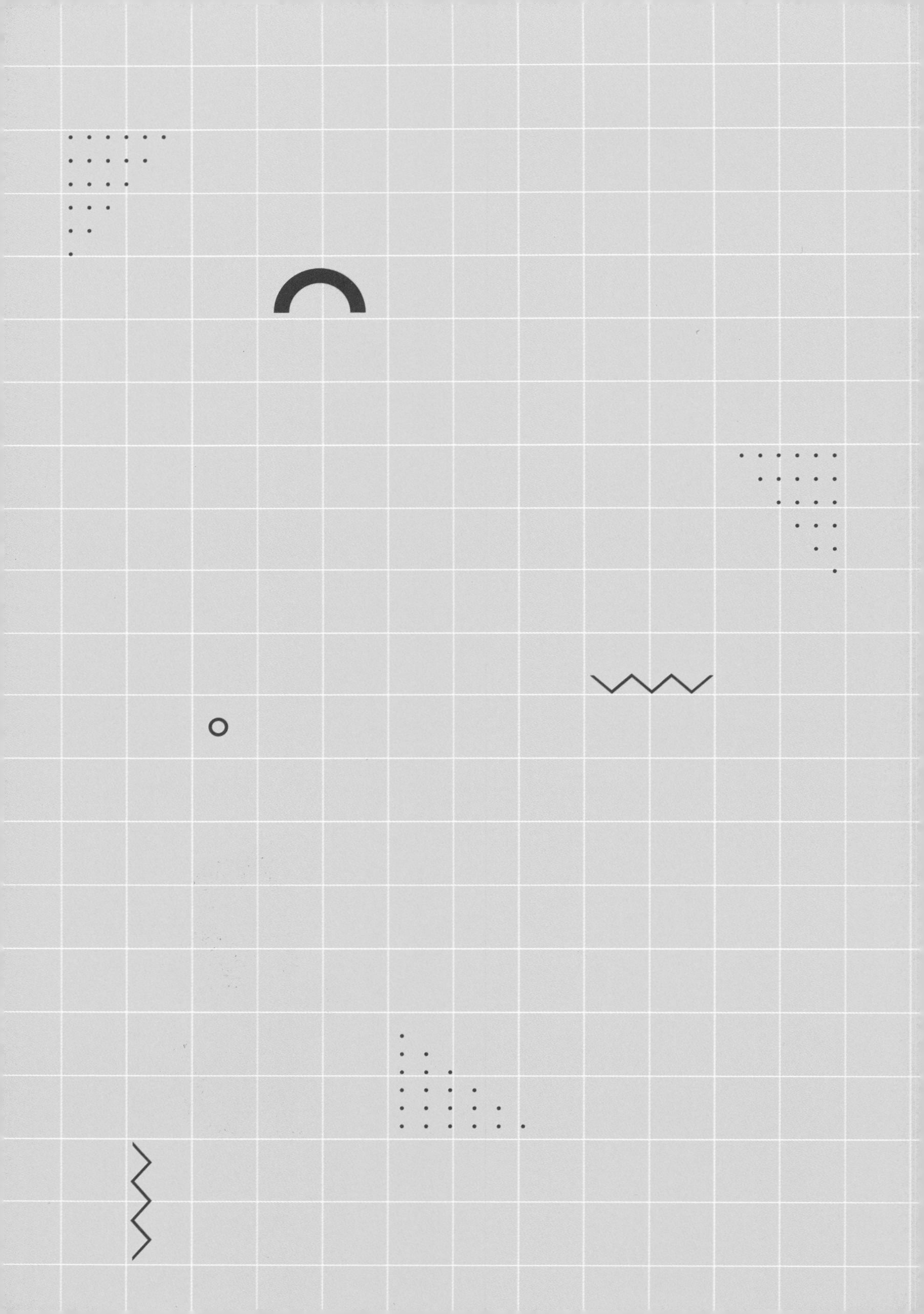

6교시

이차함수와 좌표평면

이차함수의 그래프 이동은 좌표평면에서
꼭짓점만 이동하면 됩니다.

수업 목표

1. 이차함수의 성질은 좌표평면에서 어떻게 나타나는지 알아봅니다.

미리 알면 좋아요

1. **이차함수의 꼭짓점** 포물선이 휘어지면서 좌우 대칭을 이루는 지점의 좌표를 말합니다.

2. **이차함수의 비례상수 a** 그래프에서 a가 0보다 크면 아래로 볼록하고, a가 0보다 작으면 위로 볼록한 그래프가 됩니다. a의 절댓값이 클수록 그래프의 폭이 좁아집니다.

데카르트의 여섯 번째 수업

람보가 공을 두 개 들고 나와서 양손으로 던져 받아서 다시 던지는 묘기를 보여 줍니다. 스파이더맨은 서커스 단원들이 이런 묘기를 잘한다고 칭찬합니다. 람보가 던지는 공들의 위치를 따라가 보면 마치 순서쌍들의 점들이 이동하면서 포물선을 그리는 것 같습니다. 람보는 포물선이차함수의 그래프을 잘 만드는군요. 앞 시간에 람보의 차력 기술로 이차함수인 포물선의 기본적인 모습을 익히게 되었습니다.

이번에는 어떤 묘기로 우리에게 이차함수와 좌표평면을 보여 줄지 기대됩니다. 그래서 이번 강의는 그들에게 맡기고 나는 뒤에서 약간씩 도와주기로 하겠습니다.

이차함수의 성질을 조금은 알아야만 람보와 스파이더맨의 설명이 이해가 될 것 같아서 이차함수의 기본 성질에 대해 살짝 이야기해 두겠습니다. 이 코너를 즐기시려면 반드시 알아두어야 합니다.

이차함수의 성질

이차함수의 네 가지 모양

① $y=ax^2$ ② $y=ax^2+q$

③ $y=a(x-p)^2$ ④ $y=a(x-p)^2+q$

이들 각각의 꼭짓점을 비교해 봅시다.

꼭짓점이란 포물선이 휘어지면서 좌우 대칭이 되는 곳, 다시 말해서 람보 씨가 휘어지게 한 그곳을 바로 꼭짓점이라고 말합니다.

① $(0, 0)$

② $(0, q)$

③ $(p, 0)$

④ (p, q)

위 좌표를 보니까 꼭짓점이 다 다르다는 것을 알 수 있습니다. 힘주는 포인트가 다 다르다는 소리입니다.

이차함수의 꼭짓점을 우리의 순서쌍을 이용해서 만듭니다. 순서쌍으로 이차함수를 만들었기 때문입니다.

람보가 일단 철사를 휘어 $y=ax^2$을 만들었습니다. 스파이더맨이 $y=ax^2$에 거미줄을 쳐서 좌표평면을 만들어 깔아 둡니다.

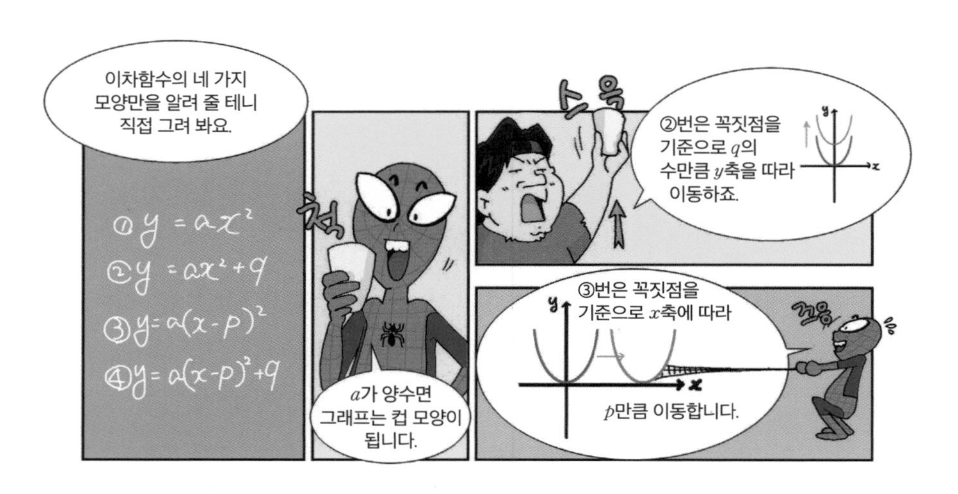

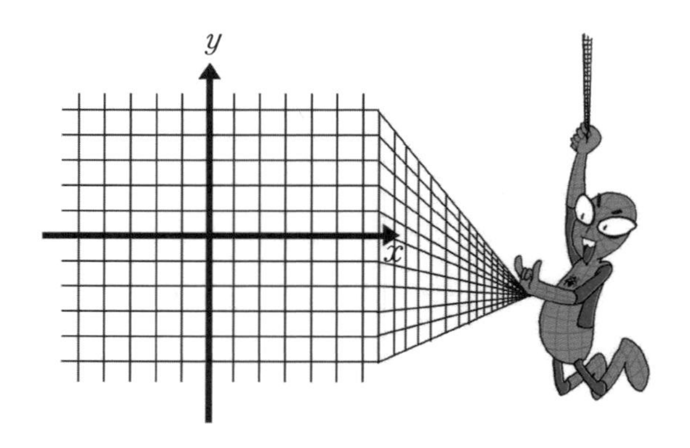

정말 둘이서 재미나게 놀고 있네요. 그들은 더욱 신이 나서 $y=ax^2+q$를 만듭니다. $y=ax^2+q$ 역시 어렵지 않습니다. 일단 철사 하나를 구부려서 $y=ax^2$을 만듭니다. 이것을 이용하여 모양은 그대로 하고 꼭짓점만 $(0, 0)$에서 $(0, q)$로 이동하여 옮겨 붙입니다. 스파이더맨이 옮겨진 꼭짓점을 좌표평면에 꼭 동여맵니다.

잘했습니다. 모양은 똑같으면서 꼭짓점만 이동한 것입니다. 잘하고 노는 것 같습니다. 그래서 나는 지켜보고만 있습니다. 또 하나의 철사를 구부립니다. 그 위에 스파이더맨이 거미줄로 좌표평면을 만듭니다.

이번에는 $y=a(x-p)^2$의 그래프입니다. 똑같은 그림에 꼭짓점만 $(p, 0)$입니다. 그렇습니다. 이차함수의 그래프 이동은 좌표평면에서 꼭짓점만 이동하면 됩니다. 별거 아니네요. 그래서 $y=a(x-p)^2+q$의 그래프 역시 꼭짓점이 (p, q)인 점으로 그려지면 됩니다. 그런데 갑자기 심한 바람이 불었습니다. 그래서 좌표평면에 만들어 놓은 그래프들이 꼭짓점을 중심으로 다들 거꾸로 매달려 있습니다.

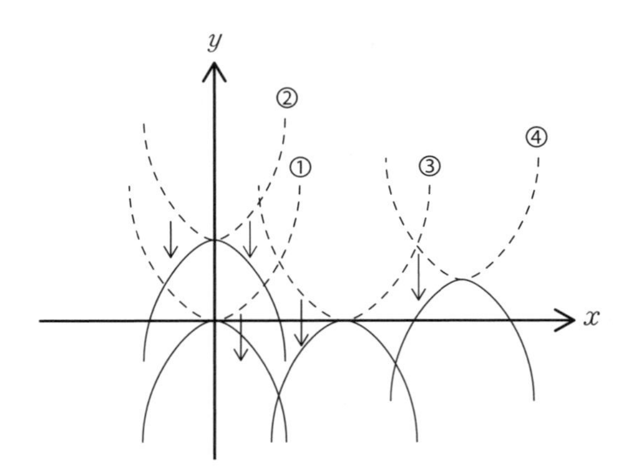

스파이더맨도 당황하고 람보도 당황하여 어쩔 줄을 모릅니다. 다시 붙일 수 없어서 내가 나서기로 했습니다. 우리 셋은 고민 끝에 좌표평면과 그림은 그대로 두고 함수의 이름들을 바꾸기로 했습니다.

우리가 고민하여 내린 결과는 다음과 같습니다.

① $y=-ax^2$

② $y=-ax^2+q$

③ $y=-a(x-p)^2$

④ $y=-a(x-p)^2+q$

이렇게 식을 바꾸면 거꾸로 매달려 있는 그래프를 바로 말한 것이 됩니다.

여기에 대한 자세한 설명은 내가 직접 해 주겠습니다.

두 식들이 똑같은 것 같지만 밑의 식들에는 a 앞에 $-$마이너스가 붙어 있습니다. a 앞에 $-$가 붙으므로 그림의 모양이 완전히 뒤집힌다는 것을 알게 되었지요. 이제 이름도 좀 익혀 봅시다. 식에서 a를 비례상수라 합니다. 이 a의 기능은 그림이 벌어지고 오므라지는 기능을 조절합니다.

a가 클수록 오므라지고 a가 작을수록 벌어집니다.

그리고 a의 부호가 반대면 바람이 강하게 불어서 꼭짓점만 붙어 있고 거꾸로 매달린 상태가 됩니다.

이것을 어렵게는 x축 대칭이라고 수학자들은 말하고 있습니다. 이렇게 어려운 표현은 학생들에게 미움을 사는 말입니다. x축 대칭이라는 말을 설명하기 시작하면 괴로움이 증가하기 때문에 여기서는 그만두겠습니다. 수학자 시리즈물을 참조하면 될 것입니다.

이렇게 좌표평면과 이차함수의 그래프는 떼려야 뗄 수 없는 관계입니다. 내가 만든 좌표평면에 웬만한 도형은 다 나타낼 수 있습니다. 나 역시 이렇게 유용한 좌표평면을 우연한 계기로 만들었지만천장에 파리가 붙은 것을 보고 평상시에 항상 생각을 가지고 있었기에 우연히 발견하게 된 것입니다. 나와 같은 경우의 과학자도 있습니다. 뉴턴이라는 과학자인데 사과가 우연히 떨어지는 것을 보고 만유인력이라는 법칙을 발견하지 않았습니까? 그렇습니다. 모든 것의 발명이나 발견은 우연을 가장하여 나타납니다. 여러분도 꾸준히 수학을 공부하다 보면 우연히 수학을 완성하게 될 것입니다.

수업 정리

이차함수의 네 가지 모양

- $y=ax^2$
- $y=ax^2+q$
- $y=a(x-p)^2$
- $y=a(x-p)^2+q$

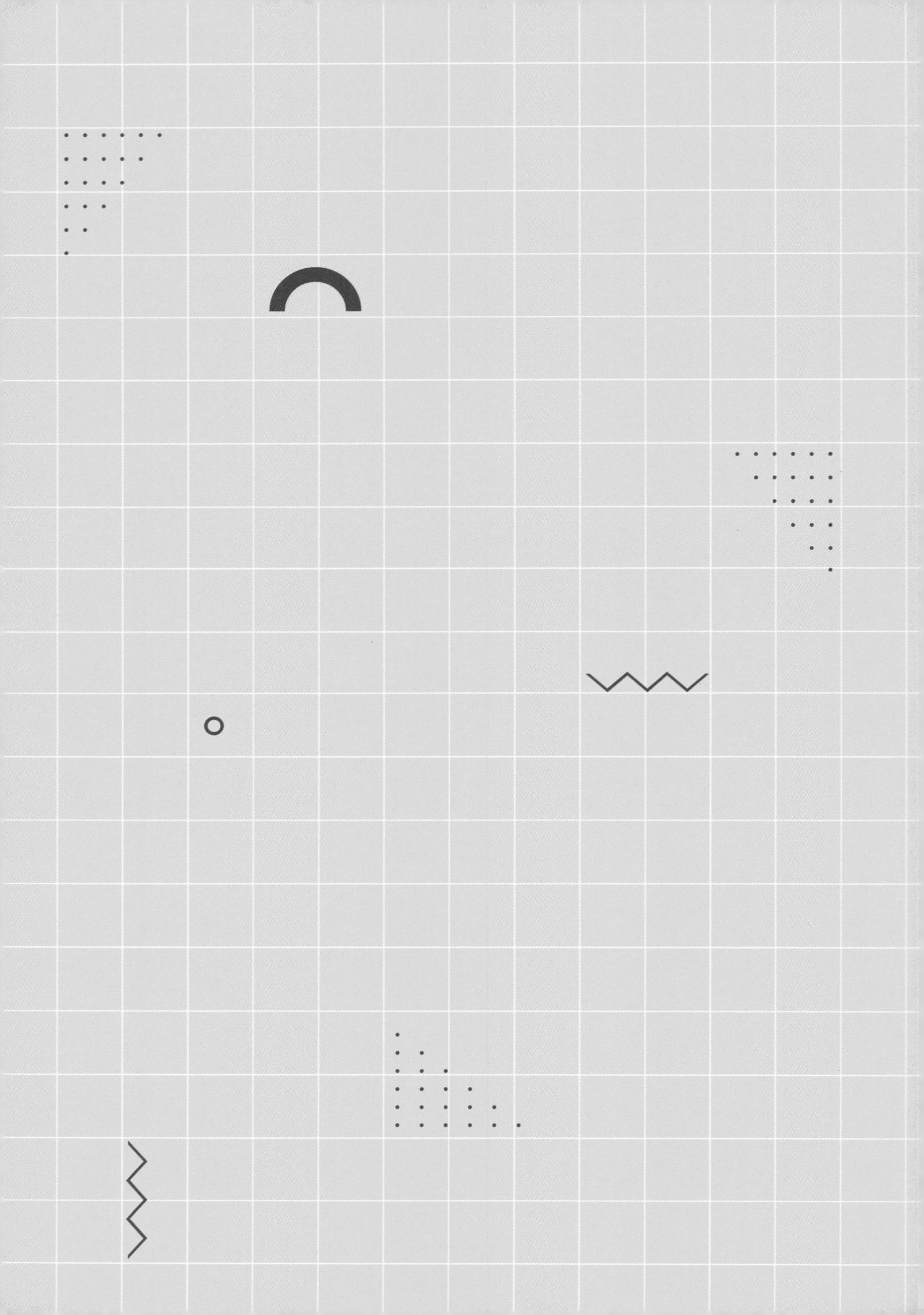

7교시

데카르트의 추억

나는 생각한다.
그러므로 나는 존재한다.

수업 목표

1. 데카르트의 성장 배경에 대해 알아봅니다.
2. 데카르트의 삶의 철학을 알아봅니다.

미리 알면 좋아요

1. 데카르트는 물리학, 화학, 의학, 수학, 천문학 같은 과학의 여러 분야 연구에 몰두하였습니다.

2. 데카르트는 생각을 많이 한 사람이었습니다.

데카르트의 일곱 번째 수업

고등 수학의 좌표평면에 대한 이야기를 시작하기 전에 람보와 스파이더맨이 나에 대한 이야기를 들려달라고 하도 부탁해서 나에 대한 옛 기억을 되살려 이 이야기를 들려주려 합니다.

우리가 이야기하는 장소는 인적이 드물지 않은 바닷가입니다. 왜 인적이 드물지 않은가 하면 맨날 이야기 같은 걸 보면 인적이 드문 장소가 많이 등장하는데 나는 판에 박힌 이야기와 장소는 싫습니다. 그래서 우리는 인적이 드물지 않고 사람이 바글거리는 바닷가를 찾아 모래사장에서 이렇게 이야기하는 것입니다.

나는 사람들이 곧 자연을 소유하는 주인이 될 것이라고 말하고 다녔습니다. 지금은 누구나 그렇게 생각하지만 그 당시로는 자연이 인간을 지배하고 있었습니다. 비, 바람, 태양 같은 자연 현상을 알지 못했기 때문이지요. 자연을 지배한다는 것은 신의 영역이었습니다. 나는 생활의 모든 분야에 수학적인 방법을 적용하기 시작했습니다. 논리를 단계적으로 사용해 자연의 모든 비밀을 벗길 수 있었습니다. 비가 내리는 이유, 식물을 자라게 하는 방법……. 질병을 치료하는 오늘날에는 새롭거나 신비한 일이 아니지만 300년 전에 자연을 실제적으로 지배한다는 생각은 감히 상상할 수 없었습니다. 지금은 인간이 자연의 주인이 되었지만요.

나는 카르다노가 죽은 후 20년이 된 1596년, 프랑스 귀족 집안에서 르네 데카르트로 태어났습니다. 어머니는 나를 낳고 며칠 후 돌아가셨지요. 지금도 그 생각만 하면 눈물이……. 내가 만든 좌표평면 위에 눈물이 점처럼 뚝뚝 떨어집니다.

내 몸은 비록 약했지만 책에 대한 욕심이 많아서 진기하고 희귀하다고 생각되는 많은 분야의 책을 열심히 읽어 나갔습니다. 하지만 8년간의 피나는 공부 후 내가 깨달은 바는 그래도 나는 무지하다는 것이었습니다. 그래서 나는 그 후 공부를 그만두었습니다.

몇 년간 방황했습니다. 하지만 노는 데도 싫증이나 다시 학문 속으로 돌아갔습니다. 그 후로 나는 수학에 몰두하게 되었습니다. 길을 가다 우연히 친구를 만나고 마음을 확실히 잡아 세계

무대로 진출하게 됩니다.

하지만 나는 얼마 후 다시 군대에 지원하게 되면서 학문에서 손을 떼게 됩니다. 그러나 군대에 있으면서도 학문에 대한 미련을 버리지 못했습니다. 역시 공부가 체질인가 봅니다.

군대에서 우연히 수학 경연 대회에 나온 문제를 풀어 버리고

스타가 된 것입니다. 그 당시 군대에서 만난 의사이자 수학자인 아이작 비크만이 내게 수학자가 될 것을 권하여 비로소 나는 수학자의 길을 걷게 되었습니다. 나에게 비크맨은 수학을 연구하는 데 영감을 주었을 뿐만 아니라 정신적 아버지였습니다. 이 운명적인 만남이 있은 지 4개월 뒤에 나는 기하학에서 새로운 방법을 발견하였습니다.

나는 좌표평면의 x축과 y축의 쓰임새를 정리하였습니다. 음수와 양수의 개념도 도입하여 좌표평면에 그려 넣기 시작한 것입니다. 여러분이 배우고 있는 형태가 그 당시에 만들어진 셈입니다.

나는 오늘날 해석기하학이라 불리고 있는 해석기하학의 응용을 직선에서 원과 그 밖의 곡선까지 확장하여 생각하고 정리하였습니다.

나는 그래프 위의 곡선을 연구했을 때에 놀랄 만한 결과를 발견했습니다. 나는 모든 곡선이 방정식과 연관 지어 볼 수 있다는 것을 알게 되었습니다. 예를 들어 중심이 x축과 y축의 교점인 O의 점들에 모여 있습니다. 점 O에서 원주까지의 반지름은 하나의 수가 됩니다. 그 수는 언제나 똑같은 값을 가지게 됩니다. 이것을 식으로 나타내면 $x^2+y^2=r^2$이란 식이 생깁니다. 이 식을 우리는 원, 즉 원의 방정식이라고 합니다.

직선이 일차방정식이 되듯이 타원, 쌍곡선, 포물선과 같은 다른 곡선은 모두 지수가 2가 되는 이차방정식이 됩니다.

기하학에 숨어 있는 새로운 통일된 방법을 내가 알아낸 것입니다. 도형에 대한 유일한 방정식이 만들어진다는 것을 알게 되었지요. 우리에게 각각 이름이 붙어 있듯이 말입니다.

나는 그 당시 많은 생각을 하였습니다. 어떤 삶을 살아야 하는지 고민하였지요. 나는 지식을 연구하고 진실을 탐구해야 한다는 것을 깨달았습니다. 그리고 놀라운 발견의 기초를 이해하기 시작했습니다. 모든 과학은 고리로 서로 연결되어 있다는 것입니다. 그 당시 나는 해석기하학의 기초를 세우기 시작했고, 꾸준히 수학과 철학을 계속 연구하게 되었습니다. 나는 수학적 방법을 통합하였고 다음 규칙을 그 기반에 두었습니다.

1. 내가 명확히 알고 있지 않은 것은 결코 사실로 받아들이지 않는다.
2. 관찰하고 있는 어려움을 가능한 많은 부분으로 나눈다.
3. 제일 간단하고 제일 쉬운 것부터 시작하여 점차 복잡한 것을 연구한다.
4. '빠뜨린 것이 아무것도 없다.'라고 확신이 들도록 완전하게 열거하고 매우 일반적으로 검토한다.

나는 인생의 모든 영역에 이것을 모두 적용할 수 있도록 계획하였습니다.

이 네 개의 규칙은 내가 과학적일 뿐만 아니라 철학적으로 연구할 수 있도록 기반을 마련해 주었습니다.

나는 내가 아는 모든 것을 부인인정하지 않음하면서, '그 자신이 존재하고 마침내는 신이 존재한다.'라는 유명한 증명을 내세웠습니다. 여러분은 아마도 이 말을 기억하실 겁니다.

"나는 생각한다. 그러므로 나는 존재한다."

잘 알고 있겠지요. 부끄럽게도 내가 한 말입니다.

어려운 이야기를 하는 동안 람보와 스파이더맨은 서로 머리를 기댄 채 오누이처럼 자고 있네요.

그들이 깰 때까지 나는 해변가를 산책 좀 하겠습니다. 옛 추억이 자꾸 생각나네요.

나의 사생활 이야기를 더 들려주겠습니다. 나는 군대에 약 1년 반 정도 있다가 그만두었습니다. 왜냐하면 아직 책을 더 읽고 공부해야 한다고 생각했기 때문입니다. 간혹 여행도 다녔습니다. 헝가리, 모라비아, 슐레지엔, 폴란드, 독일의 지방들이었습니다. 그곳에서 다른 성격과 지위를 가진 사람들과 사귀었고 다양한 경험을 하였으며, 나 자신의 발전과 경험을 위해 노력했습니다. 하지만 때론 평범하게 살고 싶기도 했습니다. 나는 여러 곳을 돌아다니며 세상이 나에게 주어진 임무를 느끼게 되었습니다. 순수하게 사고하는 것이 나의 장점이자 길이라는 것을 깨달았습니다. 그리고 이 길로 접어들자마자 금방 유명하게 되었습니다. 인기는 매우 지겹고 성가신 것이었습니다. 그 당시 나

의 인기는 지금의 연예인과는 비교도 되지 않습니다. 그러나 인기는 생각할 시간이나 혼자만의 시간을 빼앗았습니다. 하지만 나의 명상이 인류에게 이득이 될 것이라고 판단한 친한 사람들의 도움으로 파리를 떠나 평화로운 네덜란드로 갔습니다.

그런데도 불구하고 나의 명성은 네덜란드에서조차 그림자처럼 따라다녔습니다. 평균적으로 1년에 한 번은 방문객을 피하기 위해 이사를 해야 했습니다.

그때는 인생의 값진 우정을 나눌 시간도 없이 연구에 매달렸습니다. 논문으로는 기상학, 광학, 기하학을 포함한《방법 서설》을 집필하였습니다.

내가 연구한 분야는 별과 달에서부터 사람의 해부학까지, 정말 광범위하였습니다. 하지만 나의 책들은 종교인에게는 거부 대상이 되었지요.

나는 물리학, 화학, 의학, 수학, 천문학 등 과학의 여러 분야 연구에 몰두하였습니다. 내가 의학을 연구한 이유로는 어릴 적에 많이 아팠기 때문입니다. 그리고 요즈음 수학자들이 나에 대해 이러한 말을 합니다.

"기하학에서는 한 사람도 데카르트에 필적할 만한 사람이 없다. 현대 수학의 목적이 수학적인 정리를 단순화하고 통합하는 것이라면 데카르트를 현대 수학의 선구자라고 부를 수 있다."

해석기하학은 그 당시까지는 분리된 것으로 생각된 두 분야인 기하학과 대수학을 통합하였습니다. 공식과 기호를 공통으로 만들어 냈고 해석기하학에 관계없어 보이는 것까지 통합시켜 버렸습니다. 즉, 쉽게 표현하면 직선, 원, 이차곡선, 사각형 같은 것을 좌표평면 위로 불러들여 계산하게 된 것이지요. 기하학은 대수학이 되고 대수학은 기하학이 된 것입니다.

해석기하학은 완전히 서로 다른 수학의 두 분야를 통합시키는 것 이상의 일을 했습니다. 그것은 운동 연구를 그래프적 또는 시각적인 방법으로 증명함으로써 미적분법을 개발하는 길을 열게 한 것입니다.

하지만 나의 이론은 찬성과 반대를 무수히 많이 겪었습니다. 그 당시로는 그만큼 혁신적이었으니까요. 그때 나의 사상은 생각하는 기계였고 지나치게 이성적이었습니다. 하지만 다섯 살 난 나의 딸 프란신이 죽었을 때 깨달았습니다. 이성이 감정을 막을 수 없다는 것을 …….

그 후 나는 슬픔을 잊기 위해 더욱더 연구에 몰두하다가 53세로 다른 세상에 가게 되었지요.

이때 스파이더맨과 람보가 데카르트를 눈이 동그랗게 쳐다본다.

"그럼 지금 당신은 누구세요?"

하하하, 나 귀신 아니에요. 이 책 속에서, 내가 좋아하는 책 속에서 살아 있는 수학자 데카르트랍니다.

다음 시간부터는 고등학교 기하학을 좀 공부할 겁니다. 그래서 나의 추억을 들려주면서 머리를 좀 식힌 거지요. 하지만 스파이더맨과 람보 씨는 좀 철학적이라며 머리가 약간 띵했다고 합니다. 하지만 지금부터는 좀 더 어렵습니다. 잠시 쉬었다 읽어 주세요.

수업 정리

❶ 데카르트의 사고

- 내가 명확히 알고 있지 않은 것은 결코 사실로 받아들이지 않는다.
- 관찰하고 있는 어려움을 가능한 많은 부분으로 나눈다.
- 제일 간단하고 제일 쉬운 것부터 시작하여 점차 복잡한 것을 연구한다.
- '빠뜨린 것이 아무것도 없다.'라고 확신이 들도록 완전하게 열거하고 매우 일반적으로 검토한다.

❷ 해석기하학

해석기하학은 그 당시까지는 분리된 것으로 생각되어진 두 분야인 기하학과 대수학을 통합하였습니다. 공식과 기호를 공통으로 만들어 냈고 해석기하학에 관계없어 보이는 것까지 통합시켜 버렸습니다. 즉, 쉽게 표현하면 직선, 원, 이차곡선, 사각형 같은 것을 좌표평면 위로 불러들여 계산하게 된 것이지요. 기하학은 대수학이 되고 대수학은 기하학에 된 것입니다.

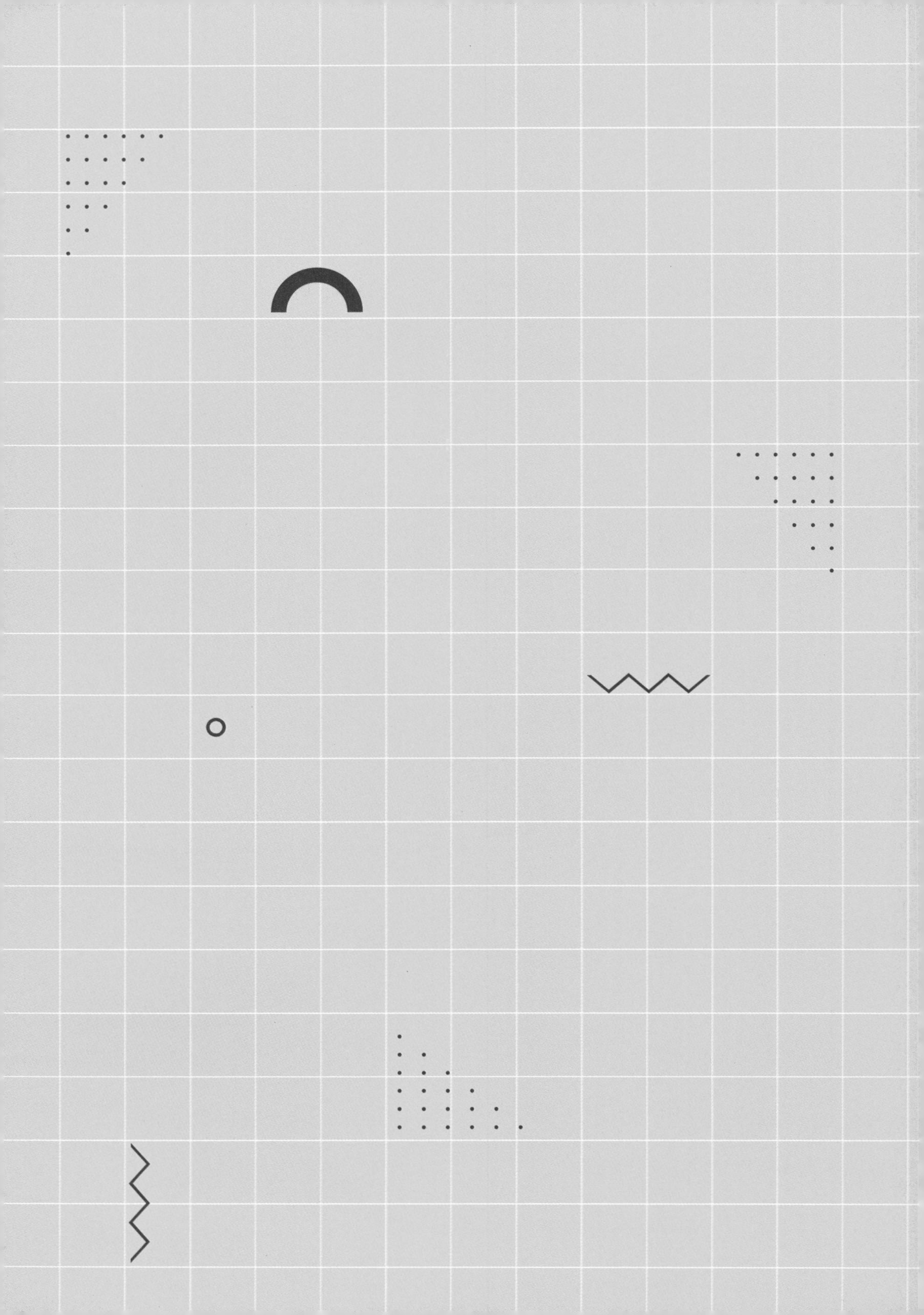

8교시

두 점 사이의 거리

좌표평면 위의 두 점 사이의 거리를
바로 선분의 길이라고 볼 수 있습니다.

수업 목표

1. 수직선상의 두 점 사이의 거리를 알아봅니다.
2. 좌표평면상의 두 점 사이의 거리를 알아봅니다.
3. 수직선상의 내분점과 외분점을 알아봅니다.

미리 알면 좋아요

1. **수직선** 직선 위의 점에 일정한 간격으로 수를 대응시킨 것.

2. **선분의 내분점** 한 선분을 그 위에 있는 한 점을 기준으로 두 부분으로 나누는 것을 말합니다. 선분 AB위의 한 점 P를 $\overline{AP}:\overline{PB}=m:n$이 되도록 잡았을 때, 점 P는 선분 AB를 $m:n$으로 내분한다고 합니다. 이때 점 P를 선분 AB의 내분점이라고 합니다.

3. **선분의 외분점** 한 선분을 나누는 점이 그 선분 안에 있지 않고 그 연장선에 있는 점을 외분점이라 합니다.

데카르트의 여덟 번째 수업

옛날에는 보조선, 연장선 또는 닮음비를 이용하여 도형의 문제를 풀었습니다. 하지만 내가 좌표평면을 만들고 난 후로는 도형을 좌표평면으로 옮겨서 효과적으로 풀어 버렸지요. 이것을 해석기하학이라고 합니다. 그래서 이번에는 좌표평면 위의 두 점 사이의 거리를 계산하는 방법을 배워 보도록 하겠습니다.

지도를 보면 일정한 간격의 눈금이 새겨져 있고 각각의 눈금마다 숫자가 적혀 있습니다. 이를 위도와 경도라고 하는데 지도상의 한 위치를 하나의 순서쌍에 대응시켜서 나타낼 수 있어 좋습니다. 극장의 좌석 번호도 그렇고요. 좌표평면도 마찬가지입니다.

우선, 수직선상의 두 점 사이의 거리를 알아보겠습니다. 수직선 위의 두 점 P(3)와 Q(6) 사이의 거리를 보면,

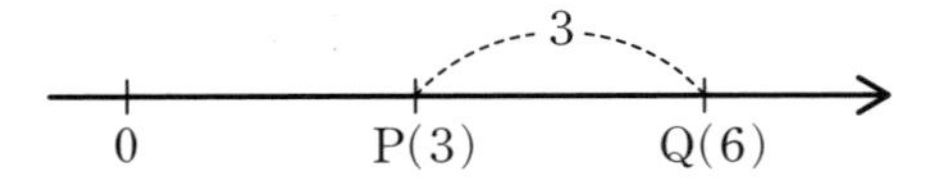

그림에서 보는 것처럼 $6-3=3$으로 계산할 수 있습니다.

또 두 점 A(2), B(−4) 사이의 거리는 $2-(-4)=2+4=6$으로 계산할 수 있습니다.

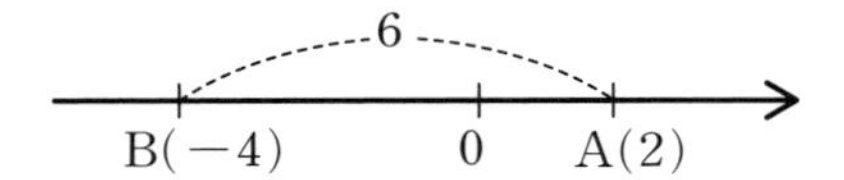

이처럼 수직선 위에서 두 점 사이의 거리는 부호에 상관없이 좌표가 큰 값에서 좌표가 작은 값을 뺀 값이 됨을 알 수 있습니다.

즉, 두 점 $A(a)$, $B(b)$에 대하여

$a \geq b$일 때, 두 점 사이의 거리는 $a-b$이고

$a < b$일 때, 두 점 사이의 거리는 $b-a$입니다.

그런데 이것은 음수 부호를 없애게 하는 절댓값의 정의와 같습니다. 따라서 절댓값을 이용하여 표현하면 다음과 같습니다.

수직선 위의 두 점 A(a), B(b) 사이의 거리는 $|a-b|$

와~! 어렵다고 수학을 상당히 미워하는 람보 씨를 보면서 나는 어쩔 수 없이 좌표평면 위에 두 점 사이의 거리를 설명하고자 합니다. 마음은 좀 아픕니다.

좌표평면 위의 두 점 사이의 거리는 바로 선분의 길이라고 볼 수 있습니다.

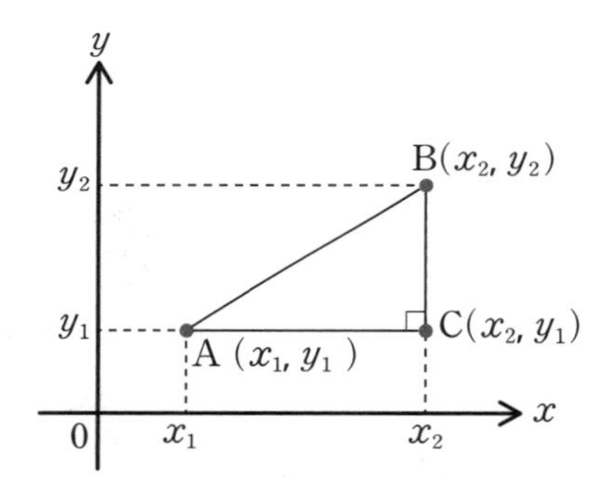

위의 그림과 같이 점 A와 점 B에서 x축, y축과 평행하게 보조선을 그어 만나는 두 직선의 교점을 C라고 하면 다음과 같습니다.

$$\overline{AC} = |x_2 - x_1|, \overline{BC} = |y_2 - y_1|$$

이 방법은 앞에서 배운 수직선의 두 점 사이의 거리를 응용하여 만든 것입니다.

여기서 △ABC는 직각삼각형이므로 피타고라스의 정리에

의하여 피타고라스의 정리: 직각삼각형에서 빗변의 길이의 제곱은 나머지 두 변의 길이의 제곱의 합과 같습니다

$$\overline{AB}^2 = \overline{AC}^2 + \overline{BC}^2$$

이 성립합니다. 따라서 우리가 구하려고 하는 선분 AB의 길이는

$$\begin{aligned}\overline{AB} &= \sqrt{\overline{AC}^2 + \overline{BC}^2} \\ &= \sqrt{|x_2 - x_1|^2 + |y_2 - y_1|^2} \\ &= \sqrt{(x_2 - x_1)^2 + (y_2 - y_1)^2}\end{aligned}$$

이와 같이, 좌표평면에서 두 점 사이의 거리는 두 점의 좌표 (x_1, y_1), (x_2, y_2)를 이용해 간단히 계산할 수 있습니다.

꼭 알아 두세요.

두 점 사이의 거리

좌표평면 위의 두 점 $A(x_1, y_1)$, $B(x_2, y_2)$ 사이의 거리

$$\overline{AB}=\sqrt{(x_2-x_1)^2+(y_2-y_1)^2}$$

두 점 사이의 거리를 알게 되면 거리는 길이와 같은 것입니다. 길이를 알게 되면 그 길이를 몇 대 몇으로 나누어 생각하게 되는 경우가 생깁니다. 가령 스파이더맨과 람보 씨가 크고 긴 빼빼로를 나누어 먹는다고 합시다. 자신의 덩치에 비례하여 먹어야 공평하다고 했을 때 그 빼빼로를 우리는 어떻게 나누어야 할까요? 이때 길이, 즉 선분의 내부의 점을 내분점이라고 합니다. 선분의 내분점은 선분의 양 끝점으로부터 일정한 길이의 비를 갖게 하는 점입니다.

수직선 위의 선분의 내분점을 알아보겠습니다.

선분 AB 위의 점 P가 $\overline{AP}:\overline{PB}=m:n$ 단, $m>0$, $n>0$ 여기서 m과 n은 반드시 양수입니다. 나눌 때 −(마이너스)로 나누는 경우는 없습니다. 예를 들어 −2 대 −3이란 소리는 한 번도 들어 보지 않았지요을 만족할 때, '점 P는

선분 AB를 $m:n$으로 내분한다.'고 말하고, 점 P를 선분 AB의 내분점이라고 합니다.

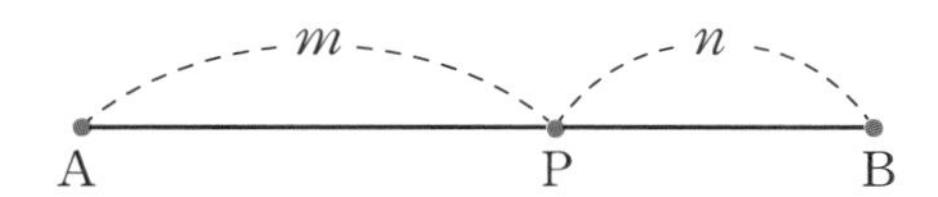

선분을 내분할 때는 '순서'에 주의해야 합니다. 아니면 싸움 나게 될지도 모릅니다. 빼빼로를 먹을 때 람보의 덩치가 크므로 람보를 중심으로 2:1로 내분하여 먹는다고 합시다. 그런데

이 순서를 잘못 착각하여 1:2로 나누면 람보가 1을 먹고 스파이더맨이 2를 먹게 되는 것입니다. 이 사실을 안 람보의 행동은 앞에서도 봤지요. 온 사방에 총을 쏘고 수류탄을 던지며 난동을 부릴 것은 뻔합니다. 여기서 확실히 기억해야 할 것은 1 : 2와 2 : 1은 완전히 다르다는 사실입니다. 이제 실생활에서는 잘 사용하지 않지만 외분점이라는 것이 있습니다. 수학 시험에 등장하니까 잠시 알아보도록 합시다.

선분의 외분점입니다.

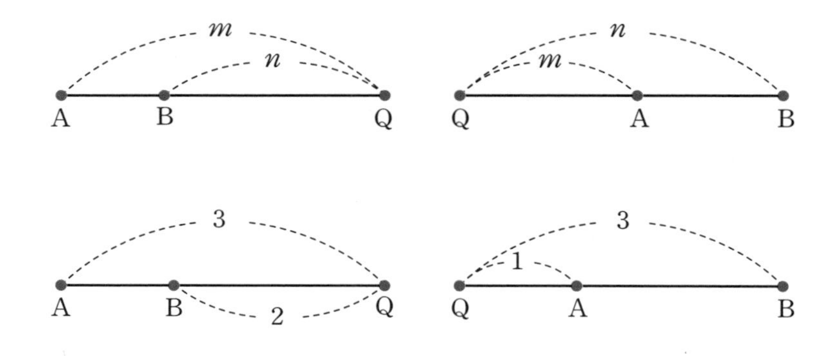

그림과 같이 한 점 Q가 $\overline{AB}$의 바깥쪽, 즉 $\overline{AB}$의 연장선 위에 있고, $\overline{AQ} : \overline{QB} = m : n$ 단, $m>0, n>0, m \neq n$을 만족할 때, '점 Q는

$\overline{AB}$를 $m:n$으로 외분한다.'고 말하고, 점 Q를 $\overline{AB}$의 외분점이라고 합니다.

수학이 어려운 과목이라는 것을 앞 시간에서 많이 느꼈지요. 알려주는 나도 어쩔 수 없는 노릇입니다. 미안하네요. 하지만 여러분은 이제껏 잘 따라왔잖아요. 수학은 어쩔 수 없다고 생각하시고 이제부터는 더 어렵습니다.

여러분, 파이팅!

수직선 위의 두 점 $A(x_1)$, $B(x_2)$에 대하여 선분 AB를 $m:n$으로 내분하는 점 $P(x)$의 좌표를 구하겠습니다.

$x_1 < x_2$일 때, 즉 x_2가 더 큰 수라고 하면,

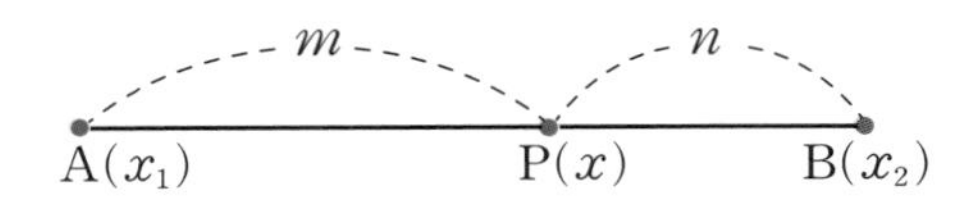

$\overline{AP}=x-x_1$, $\overline{PB}=x_2-x$이므로 $(x-x_1):(x_2-x)=m:n$입니다.

이것을 물고 늘어져 x의 값을 구해 내면, $n(x-x_1)=m(x_2-x)$이고, 분배하여 괄호를 없애 보면 $nx-nx_1=mx_2-mx$입니다. 여기서 더 끈질지게 물고 늘어지면 x가 있는 것끼리 뭉쳐 $nx+mx=mx_2+nx_1$이 됩니다.

휴우, 여기까지 오면 다 된 것이나 마찬가지입니다. 이제 좌변의 공통인수를 묶어 줍시다. 좌변의 x를 빼내고 묶으면 $x(n+m)=mx_2+nx_1$가 됩니다.

이제 좌변에 x만 남기고 $(n+m)$를 우변으로 넘깁니다. 넘기면 $(n+m)$은 분모로 가게 됩니다.

정리하면 다음과 같습니다.

$$x=\frac{mx_2+nx_1}{m+n}$$

여기서 분모 $n+m$이나 $m+n$은 같은 것입니다. 왜냐하면 덧셈에 대한 자리바꿈법칙, 즉 교환법칙이 성립되기 때문이지요.

외분점은 좀 어렵습니다.

수직선 위의 두 점 $A(x_1)$, $B(x_2)$에 대하여 선분 AB를 $m:n$ $m>0, n>0, m\neq n$으로 외분하는 점 $Q(x)$의 좌표를 구하여 보겠습니다.

$x_1<x_2$일 때, 즉 x_2가 더 큰 수라고 하면,

1) $m>n$일 때

$(x-x_1):(x-x_2)=m:n$

$n(x-x_1)=m(x-x_2)$이므로

$(m-n)x=mx_2-nx_1$입니다.

따라서 $x=\frac{mx_2-nx_1}{m-n}$이 됩니다.

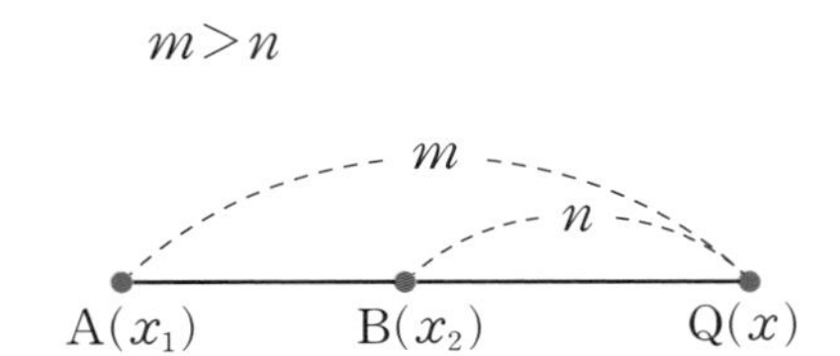

2) $m<n$이면

$(x_1-x):(x_2-x)=m:n$

$n(x_1-x)=m(x_2-x)$이므로

$(n-m)x=nx_1-mx_2$입니다.

따라서 $x=\dfrac{nx_1-mx_2}{n-m}$이 됩니다.

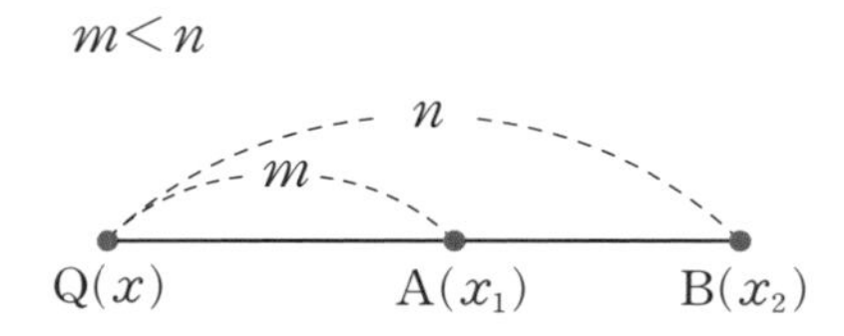

$x_1>x_2$일 때도 선분 AB를 $m:n$으로 외분하는 점에 대하여 위 식이 성립합니다. 이렇게 해서 외분하는 점까지 살펴보았습니다.

이때 어디서 들고 왔는지 스파이더맨이 저울을 하나 들고 옵니다. 그런데 스파이더맨의 저울을 보니 저울이 평형을 이루고 있습니다. 그럼 저울이 매달려 있는 지점을 P라고 하면 선분 AP와 선분 PB는 몇 대 몇으로 내분될 수 있을까요?

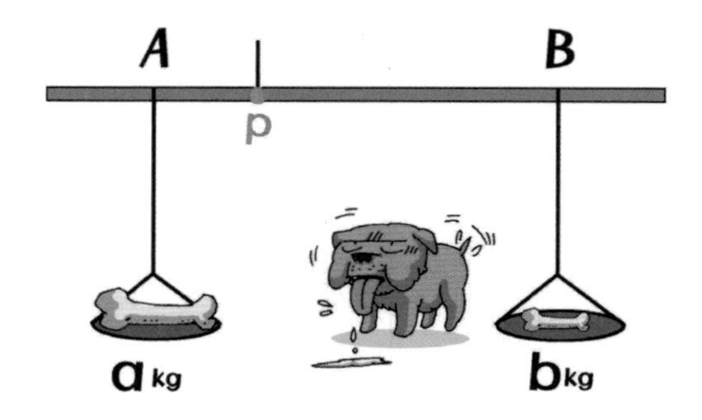

앞에서 배운 대로 내분점 찾는 방법을 이용하여 풀어 보면, $\overline{AP}\times A$의 무게$=\overline{PB}\times B$의 무게이니까 저울이 평형을 이룬 것입니다.

이때 $\overline{AP}:\overline{PB}=b:a$이므로 점 P는 선분 AB를 $b:a$로 내분하는 점이 됩니다.

수업 정리

❶ 두 점 $\mathrm{A}(a)$, $\mathrm{B}(b)$에 대하여

$a \geq b$일 때, 두 점 사이의 거리는 $a-b$이고

$a<b$일 때, 두 점 사이의 거리는 $b-a$이다.

❷ **두 점 사이의 거리**

좌표평면 위의 두 점 $\mathrm{A}(x_1, y_1)$, $\mathrm{B}(x_2, y_2)$ 사이의 거리

$\overline{\mathrm{AB}}=\sqrt{(x_2-x_1)^2+(y_2-y_1)^2}$

❸ **선분의 내분점** 선분 안에 있는 점을 내분점이라 합니다.

❹ **선분의 외분점** 선분 밖에 있는 점을 외분점이라 합니다.

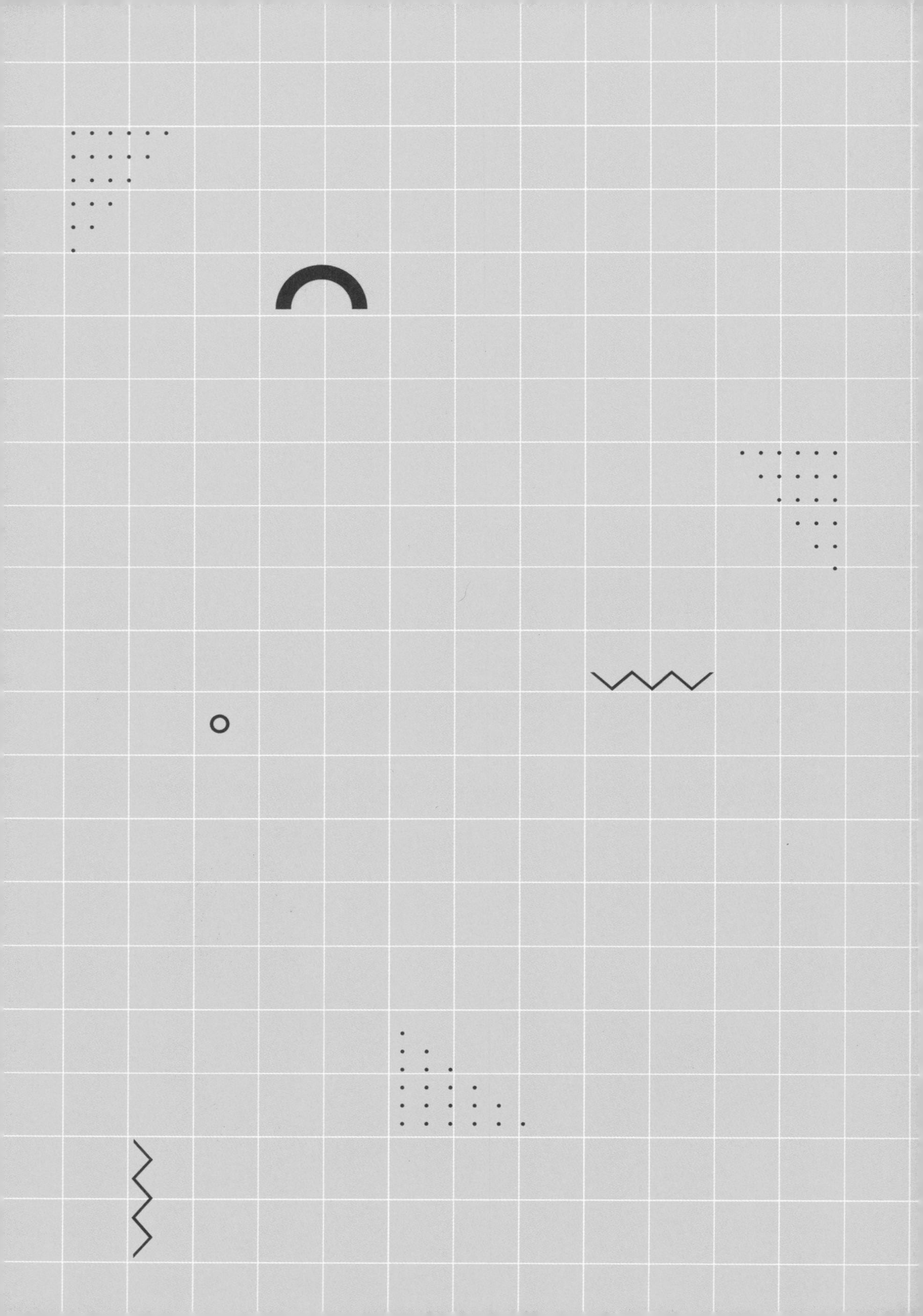

9교시

좌표평면 위의 선분의 내분점과 외분점

천장에 있는 가로줄과 세로줄로부터
'좌표'라는 개념을 탄생시켰습니다.

수업 목표

1. 좌표평면 위의 선분의 내분점을 알아봅니다.
2. 좌표평면 위의 선분의 외분점을 알아봅니다.
3. 수학자 파포스에 대해 알아보고 파포스의 중선의 정리가 성립하는 것을 증명해 보입니다.

미리 알면 좋아요

1. **닮음비** 대응변의 비가 모두 같을 때, 두 도형의 변은 비례 관계에 있다고 합니다. 이때 그 비의 값을 닮음비라고 합니다.

2. **비례식** 비의 값이 같은 두 비를 등식으로 나타냈습니다.

3. **교환법칙** 순서를 바꾸어 계산해도 결과가 같아집니다. 교환법칙은 $+$, $\times$에서는 성립하지만 $-$, $\div$에서는 성립하지 않습니다.

4. **중점** 선분의 길이를 이등분하는 점을 말합니다.

5. **중선** 삼각형의 꼭짓점과 그 대변의 중점을 연결한 선분을 말합니다. 하나의 삼각형에서는 중선을 3개 그을 수 있습니다.

6. **기하학** 도형의 모양, 크기, 위치 등을 연구하는 수학의 한 분야입니다.

데카르트의 아홉 번째 수업

람보가 스파이더맨에게 뭐라고 이야기를 하고 있습니다. 람보가 어떻게 알았는지 나에 대한 이야기를 스파이더맨에게 해 줍니다. 이야기는 아래와 같습니다.

단순한 수식이나 대응 관계로만 보이던 함수를 그래프라는 강력한 도구로 한눈에 알아볼 수 있도록 한 사람이 바로 데카르트, 나였다는 사실을 말입니다.

하하! 부끄럽습니다. 그래서 나는 다시 한번 나의 이야기를 들려줄 수밖에 없겠습니다. 나는 수학의 증명만이 가장 과학적이고 엄밀한 사고라는 결론에 도달하여 '나는 생각한다. 고로 나는 존재한다.'라는 유명한 말을 했습니다. 앞에서도 이야기했죠. 이 말은 그 당시 유행어였습니다. 수학 역사에 길이 남을 기념비적 사건인 '좌표'를 생각해 낸 것은, 내가 전쟁에 지원했을 때였습니다. 막사의 침대에 누워 골똘히 생각에 잠겨 있는데,

마침 천장을 기어 다니는 파리를 발견하게 되었습니다. 파리의 위치를 쉽게 나타낼 수 있는 방법을 고민하던 나는 천장에 세로줄과 가로줄을 기준으로 하면 된다는 사실을 알게 되었습니다. 결국, 천장에 있는 가로줄과 세로줄로부터 '좌표'라는 개념을 탄생시켰습니다.

내가 만들어 낸 좌표의 원리는 평면 위에 존재하는 점의 위치를 나타내기 위하여, 기준 축의 교점이 되는 원점 O에서부터 가로축으로 얼마만큼, 세로축으로 얼마만큼 떨어져 있는가를 순서쌍으로 나타내는 것을 말합니다. 이것은 대수학과 기하학에 획기적인 발전을 가져왔을 뿐만 아니라, 함수를 표현하는 수단으로서도 크게 환영을 받았습니다.

부끄러운 개인적인 이야기는 그만하고 이제 좌표평면 위의 선분의 내분점과 외분점을 공부하겠습니다.

어, 스파이더맨과 람보 씨 어디 가세요. 어어, 하! 하!

할 수 없습니다. 나와 학생들만 배워 보도록 합시다.

이제 한 단계를 높여서 좌표평면 위에서 내분점과 외분점을 구하는 공식을 만들어 보겠습니다.

좌표평면 위의 두 점 $A(x_1, y_1)$, $B(x_2, y_2)$를 이은 선분 AB를 $m:n$으로 내분하는 점 P의 좌표 (x, y)를 알아보는 데서 이야기를 시작하겠습니다.

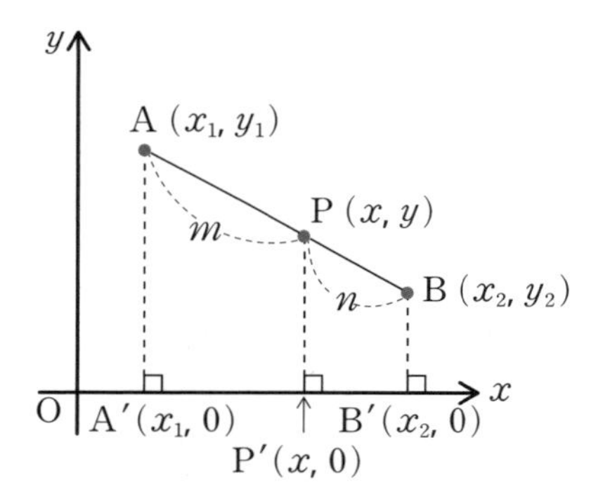

위의 그림과 같이 세 점 A, B, P에서 x축에 내린 수선의 발을 각각 A′, B′, P′이라 하면 평행선의 성질에서 닮음의 비를 이용하게 되니까,

$$\overline{A'P'}:\overline{P'B'}=\overline{AP}:\overline{PB}=m:n$$

이므로 비례식을 풀어 보면 알지요? 내항은 내항끼리 외항은 외항끼리 계산하는 거요.

$$n\overline{A'P'}=m\overline{P'B'} \cdots\cdots ①$$

$x_1<x<x_2$일 때,

$$\overline{A'P'}=x-x_1,\ \overline{P'B'}=x_2-x$$

이므로 ①에서 $n(x-x_1)=m(x_2-x)$이 됩니다.

따라서 $x=\dfrac{mx_2+nx_1}{m+n}$이 됩니다. 특징으로는 x_2가 x_1보다 앞에 나온다는 것을 알아 두면 편리합니다. 그리고 분모, 분자의 거의 같은 위치에 m과 n이 자리 잡고 있습니다. 분자에는 m에 x_2가 곱해져 있고 n에는 x_1이 곱해져 있습니다. 처음 배우거나 시험 준비하는 학생들은 이러한 형태를 암기해 두어야 합니다. 이해도 결국 암기의 기초 위에 만들어지기도 합니다.

여기서 한 가지 더 알아야 할 것이 있습니다.

$x_1>x>x_2$일 때입니다. x_1이 x_2보다 반드시 작아야 한다는 말은 어디에도 없습니다. 그래서 이러한 경우에도 식을 한 번 다루어 주어야 합니다. 수학은 어떠한 경우라도 만족하여야 공

식으로 사용할 수 있습니다.

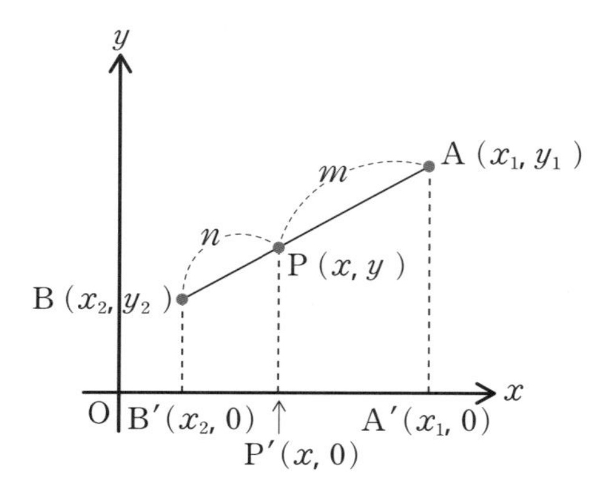

$\overline{\mathrm{A'P'}}=x_1-x$, $\overline{\mathrm{P'B'}}=x-x_2$이므로 ①에서

$n(x_1-x)=m(x-x_2)$입니다. 이것을 한번 계산해 보겠습니다.

$nx_1-nx=mx-mx_2$

$nx_1+mx_2=nx+mx$

$nx_1+mx_2=(n+m)x$

$\dfrac{nx_1+mx_2}{n+m}=x$

여기서 덧셈은 자리를 바꿔도 되지요. $n+m$이나 $m+n$이나 같습니다. 이런 법칙을 교환법칙이라고 하지요. 분자도 그렇게 바꾸어 mx_2+nx_1으로 됩니다. 분모가 교환법칙이 되듯이 분자도 교환법칙이 됩니다.

교환법칙이라고 말하니까 좀 말이 어렵죠? 그냥 자리 바꾸기로 기억하세요. 이항과 좀 헷갈린다고요? 이항도 자리가 바뀌지만 반드시 등호 =를 넘어야 합니다. 이항은 자리가 바뀌면서 부호도 바뀝니다. 따라서 $x_1 < x < x_2$일 때와 같은 결과를 얻습니다. 같은 방법으로 점 P의 y좌표를 구하면 다음과 같습니다.

$$y = \frac{my_2 + ny_1}{m+n}$$

자, 이제 종합해서 나타내 보겠습니다.

좌표평면에서 선분의 내분점은 두 점 $A(x_1, y_1)$, $B(x_2, y_2)$를 이은 선분 AB를 $m:n$으로 내분하는 점의 좌표는 $\left(\frac{mx_2 + nx_1}{m+n}, \frac{my_2 + ny_1}{m+n}\right)$ 단, $m>0$, $n>0$입니다.

위 식에서 만약 두 선분의 중점을 1:1로 내분한다면 선분 AB의 중점의 좌표는 $\left(\frac{x_1 + x_2}{2}, \frac{y_1 + y_2}{2}\right)$이 됩니다.

예를 들어 좌표평면 위의 두 점 A(2,1), B(6,5)의 중점의 좌표를 찾아보면? 중점은 두 점의 가운데 지점에 있는 점을 말한다는 것은 다 알지요. 중점의 x좌표는 두 점의 x좌표인 2와 6의 중간인 4, 중점의 y좌표는 두 점의 y좌표인 1과 5의 중간인 3이 됩니다. 이것을 식으로 나타내면 $\left(\frac{2+6}{2}, \frac{1+5}{2}\right)=(4, 3)$이 됩니다.

문자로 알기보단 숫자를 넣어 풀어 보니 좀 더 이해가 되지요. 위에 선분의 내분점도 숫자를 넣어서 해 보면 좀 더 쉬워질 수 있습니다. 위 내용을 좀 더 생각해 보면 기울어져 있는 선분도 양끝의 좌푯값과 나누어져 있는 비율을 안다면 내분점을 알아낼 수 있다는 것만 기억하시면 됩니다. 그런 사고만 있으면 공식은 찾아서 대입하면 됩니다.

그런 차원에서 선분의 외분점에 대해 부담 없이 공식을 써 두겠습니다. 반드시 외울 필요는 없습니다. '아, 그런 것이 있구나!' 하고 기억해 두다가 써먹을 일 있으면 찾아서 이용하면 됩니다. 람보 씨는 자신은 써먹을 일 없다며 돌아서는군요.

두 점 $A(x_1, y_1)$, $B(x_2, y_2)$를 이은 선분 AB를 $m:n$으로 외분하는 점의 좌표는

$$\left(\frac{mx_2-nx_1}{m-n}, \frac{my_2-ny_1}{m-n}\right)$$

단, $m>0$, $n>0$, $m\neq n$입니다.

여기서 잠깐 m과 n이 같으면 분모가 0이 되므로 분수식이 성립되지 않습니다. 와~! 분수에서 분모는 무조건 0이 되면 안 되네요.

선분의 내분점과 외분점의 차이는 ＋와 －에 있습니다. 공식을 한번 보세요. 똑같은 분모와 분자의 가운데 부호만 반대지요. 왜 그런지는 공식을 만드는 과정을 보시면 알겠죠.

그럼 파포스에 대한 이야기해 보도록 합니다.

파포스의 중선의 정리를 배우기 전에 우선 파포스란 사람에 대해 알아보겠습니다.

파포스는 유클리드의 《기하학 원론》, 《자료론》 및 프톨레마이오스의 《알마게스트》, 《평면천체도Planisphere》 등에 대한 주석을 썼으며 이는 그 후의 주석가들의 저작에 깊은 영향을 주었습니다. 파포스가 실제로 쓴 거작인 《수학집성Mathematical Collection》은 당시까지 알려져 있던 기하학의 연구에 대한 주석 및 안내서로서 많은 독창적인 명제, 개정, 확장, 역사적 내용 등이 실려 있습니다. 모두 여덟 권으로 된 이 저작에서 제I권과 제III권의 일부가 분실되고 말았습니다.

파포스의 《수학집성》은 대학 논문입니다. 여기에 나오는 역사적 참고문은 믿을 만한 가치가 있었습니다. 그리스 기하학에 관한 우리의 지식이 바로 이 위대한 논문으로부터 추출해 낸 것입니다. 이 논문은 무려 30명 이상의 고대 수학자의 작품을 인용하거나 언급하고 있습니다. 그래서 《수학집성》이 그리스 기하학의 만가라고까지 불리는 것은 당연한 것입니다.

자, 그럼 파포스의 중선의 정리를 한번 살펴보겠습니다.

△ABC의 한 변 BC의 중점을 M이라 하면, 다음과 같은 식이

성립합니다.

$$\overline{AB}^2+\overline{AC}^2=2(\overline{AM}^2+\overline{BM}^2)$$

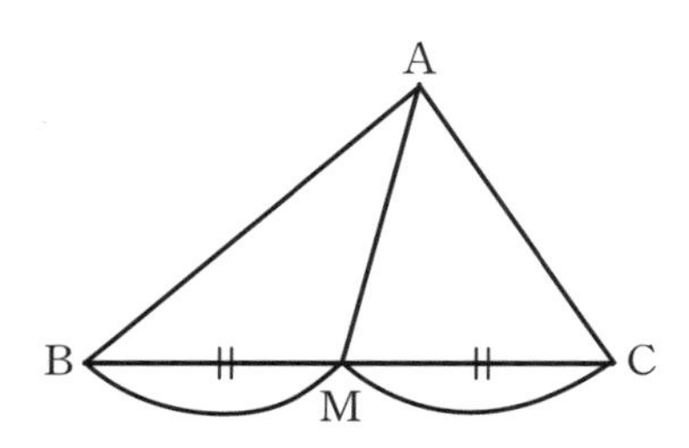

삼각형의 모양과 상관없이 이와 같은 등식이 성립하는데, 이것을 가리켜 '중선의 정리' 또는 '파포스의 정리'라고 합니다. 이 정리는 변의 길이의 제곱과 관련되어 있어 단순한 닮음비나 합동으로는 증명하기가 쉽지 않습니다. 그러면 이 삼각형을 좌표평면 위로 옮겨서 다시 생각하도록 합시다.

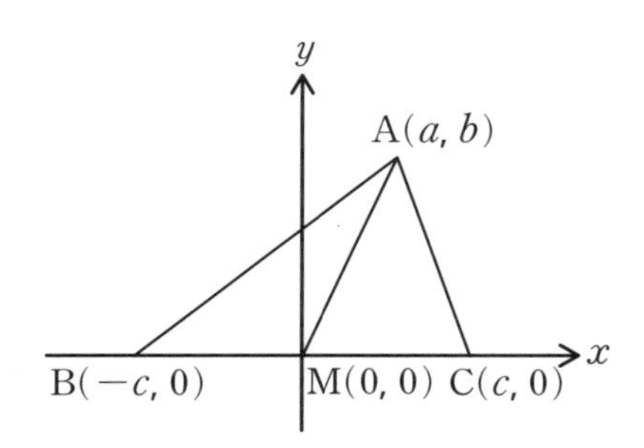

계산을 편리하게 하기 위해서 △ABC의 세 변 중 선분 BC를 x축을 지나도록 잡습니다. 선분 BC의 중점 M이 원점이 되도록 좌표평면에 그립니다. 이때 점 A, B, C의 좌표는 각각 $A(a, b)$, $B(-c, 0)$, $C(c, 0)$이 됩니다. 그러면 변의 길이는 두 점 사이의 거리 공식을 이용하여 다음과 같이 계산할 수 있습니다.

$$\begin{aligned}\overline{AB}^2+\overline{AC}^2 &= \{(a-(-c))^2+b^2\}+\{(c-a)^2+b^2\}\\ &=(a^2+2ac+c^2+b^2)+(a^2-2ac+c^2+b^2)\\ &=2a^2+2b^2+2c^2\\ &=2(a^2+b^2)+2c^2\\ &=2(\overline{AM}^2+\overline{BM}^2)\end{aligned}$$

왜냐하면 $\overline{AM}=\sqrt{a^2+b^2}$, $\overline{BM}=\sqrt{c^2}$이기 때문입니다.

이와 같이 좌변과 우변이 같아짐을 알게 되었습니다. 좌변과 우변이 같아졌다는 말은 위 식이 성립한다는 뜻이 됩니다.

도형 문제를 방정식과 같은 식을 이용하여 계산한다는 것은 놀라운 방법입니다. 기하학을 대수학으로 응용한 것입니다. 좌표평면을 이용하면 보조선을 이용할 필요가 없습니다. 단순히 점을 좌표로 나타내고 점 사이의 거리를 구하여 공식의 결과를 확인하면 됩니다. 더욱 명확하고 쉬울 때가 잦습니다.

이와 같은 생각을 해낸 사람이 바로 나, 데카르트입니다. 좌표평면을 이용하여 기하학도형의 문제를 대수적인 방법방정식으로 해결하는 방법을 처음 생각해 냈습니다. 나는 생각하는 것을 무척 좋아합니다. 이처럼 나는 기하학과 대수학을 연관시켰습니다. 여러분도 수학을 접할 때 많은 생각을 하는 버릇을 길러야 합니다.

수학은 생각을 많이 하게 하는 과목이니까요. 람보 씨는 생각을 하다가 잠이 든 것 같습니다. 스파이더맨과 나는 자리를 피했습니다. 람보 씨의 잠을 깨우지 않기 위해서가 아니라 그의 코 고는 소리는 우리의 고막에 손상을 줄 수 있기 때문입니다.

수업 정리

❶ **좌표평면 위의 내분점과 외분점** x는 x끼리, y는 y끼리 내분하고 외분하면 됩니다.

❷ **좌표평면에서 선분의 내분점** 두 점 $A(x_1, y_1)$, $B(x_2, y_2)$를 이은 선분 AB를 $m:n$으로 내분하는 점의 좌표는

$\left(\frac{mx_2+nx_1}{m+n}, \frac{my_2+ny_1}{m+n}\right)$ 단, $m>0, n>0$입니다.

❸ **좌표평면에서 선분의 외분점** 점 $A(x_1, y_1)$, $B(x_2, y_2)$를 이은 선분 AB를 $m:n$으로 외분하는 점의 좌표는

$\left(\frac{mx_2-nx_1}{m-n}, \frac{my_2-ny_1}{m-n}\right)$ 단, $m>0, n>0, m\neq n$입니다.

❹ **파포스의 중선의 정리** △ABC의 한 변 BC의 중점을 M이라 하면, 다음과 같은 식이 성립합니다.

$\overline{AB}^2+\overline{AC}^2=2(\overline{AM}^2+\overline{BM}^2)$

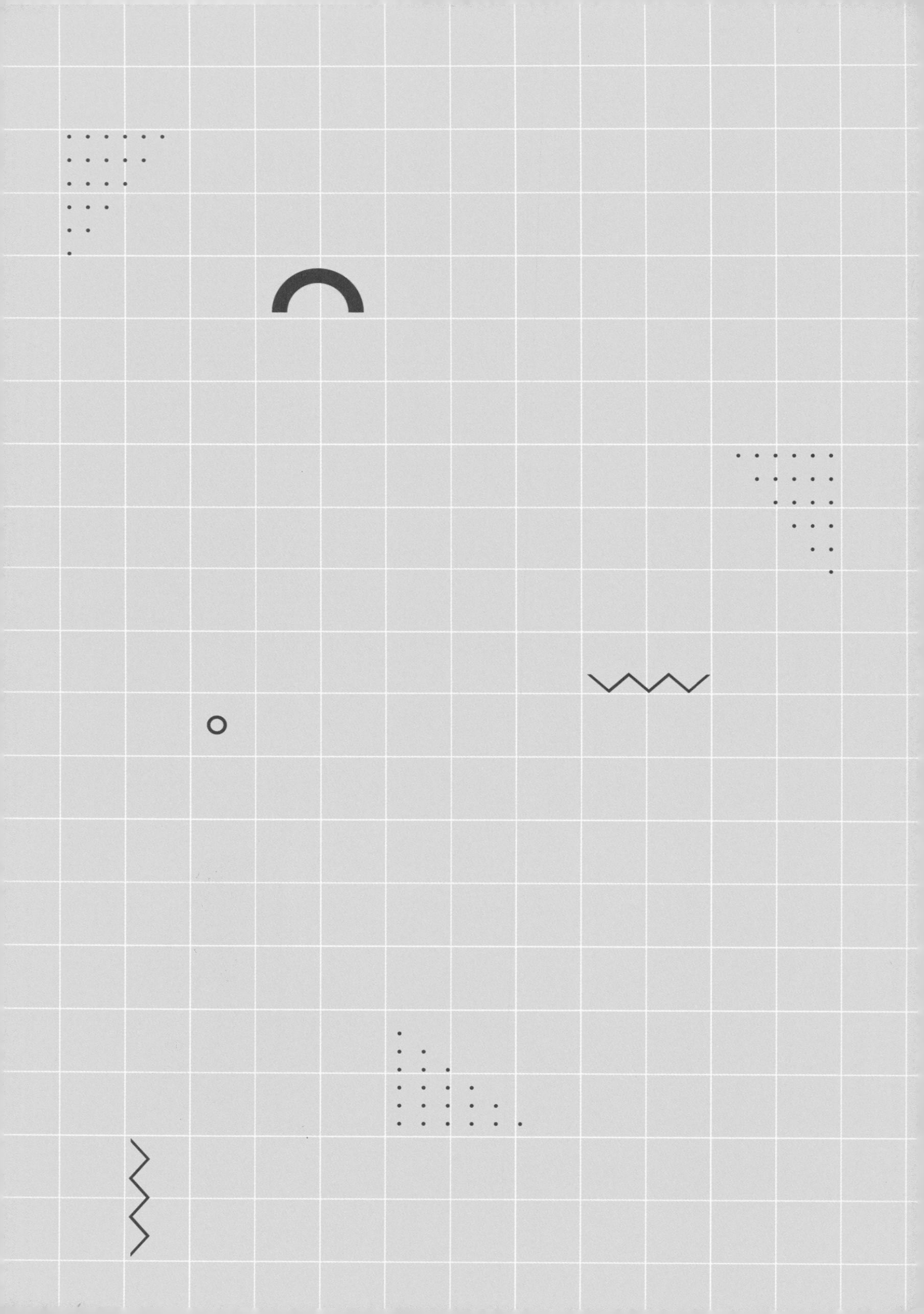

10교시

직선의 방정식과 좌표평면에서 알 수 있는 것들

절편에는 두 종류가 있습니다.
x절편과 y절편입니다.

수업 목표

1. $y=ax+b$에서 기울기 a에 대해 자세히 알아봅니다.
2. 두 점의 좌표가 주어졌을 때 기울기를 구해봅니다.
3. 세 종류로 만들 수 있는 직선의 방정식에 대해 공부합니다.
4. 점과 직선 사이의 거리 공식을 알아둡니다.
5. 중심거리와 반지름으로 두 원의 위치 관계를 살펴봅니다.
6. 평행이동과 대칭이동에 대해 알아봅니다.

미리 알면 좋아요

1. **일차방정식** 미지수의 최고차수가 일차인 방정식. 일차방정식은 $ax+b=0$ a, b는 상수, $a\neq0$의 꼴로 나타납니다.
2. **일차함수** x의 함수 y가 x의 일차식으로 된 함수. 즉 일차함수는 $y=ax+b$의 꼴로 나타납니다.
3. **수심** 삼각형의 각 꼭짓점에서 대변에 내린 수선의 교점입니다.
4. **반지름** 원의 중심과 원주 위의 한 점과의 거리, 구의 중심과 구 겉면 위의 한 점과의 거리를 반지름이라 합니다.
5. **평행이동** 어떤 도형 위의 모든 점을 같은 방향으로 같은 거리만큼 옮기는 것을 일컫습니다.
6. **대칭이동** 서로 대칭이 되도록 모양을 옮기는 것을 일컫습니다.

데카르트의 열 번째 수업

아침부터 람보와 스파이더맨이 뭘 만든다고 뚝딱뚝딱 요란합니다. 내가 다가가서 뭘 만드느냐고 물어보니 미끄럼틀을 만든다고 야단입니다. 그런데 각자 자신의 미끄럼틀을 만든다고 하나씩 따로 만들고 있습니다.

얼마나 일찍 만들기 시작했으면 거의 다 만든 것 같습니다. 이제 미끄럼이 잘 미끄러지라고 미끄럼판에 양쪽, 참기름과 바나나를 칠합니다. 미끄럽기는 하겠지만 파리가 날아들 것은 생각하지 않나 봅니다. 이제 다 만든 것 같습니다. 5분 정도 지났을까요? 람보와 스파이더맨이 다투기 시작합니다. 나는 둘을 말리면서 왜 다투느냐고 물어보았습니다.

서로 미끄럼틀의 경사가 더 급하다고 주장하는 것입니다. 서로 떨어져 있는 미끄럼틀을 떼어 내서 잴 수도 없는 노릇입니다. 내가 보기에는 거의 비슷한 것 같았습니다. 난감하네요.

그래서 우리는 도형을 좌표평면으로 옮겨서 생각하기로 했습니다. 다양한 기하학적 성질을 수치로 계산할 수 있는 좌표평면에서 생각하기로 했습니다. 미끄럼의 기울기를 직선으로 생각하면 될 것 같았습니다. 직선은 두 개의 미지수를 포함하는 일차방정식으로 나타낼 수 있습니다.

중학생이 되면 일차방정식을 이용하여 일차함수의 그래프직선를 나타낼 수 있다는 사실을 배우게 됩니다. 그래서 $y=ax+b$꼴의 관계식은 기울기가 a, y절편이 b인 일차함수를 나타낸다는 것을 알게 됩니다. 몰랐던 친구들은 지금 바로 알면 되지요. 해도 기억이 안 나는데, 지금 바로 알면 됩니다.

람보 씨와 스파이더맨은 직선의 기울기 a가 서로 급하게 만들었다고 주장하는 것이나 마찬가지지요. a의 수치가 클수록 경사는 급하게 됩니다. 가령 a가 3보다는 a가 5이면 5가 3보다 크므로 경사가 더 급하다고 할 수 있는 겁니다.

그럼 경사를 알 수 있는 a는 어떻게 구할 수 있을까요?

기울기 a를 좌표평면에서 구하는 방법을 알아봅시다.

좌표평면에서 기울기를 구하는 방법에는 몇 가지 방법이 있지만 그중에서 두 점을 알면 기울기를 구할 수 있는 것부터 먼저 알아봅니다.

$(2, 1)$, $(3, 6)$이라는 순서쌍이 주어지면 기울기를 구할 수 있습니다.

기울기 $=\dfrac{y\text{의 값의 증가량}}{x\text{의 값의 증가량}}$이므로 $\dfrac{6-1}{3-2}=5$, 즉 기울기는 5입니다.

직선의 기울기는 x의 값의 증가량에 대한 y의 값의 증가량의 비율로 항상 a로 일정합니다. 다시 말하면 그 직선이 만드는 기울기는 어느 지점에서나 같다는 소리입니다.

기울기 구하는 것을 다시 정리해 보면,

쏙쏙 이해하기

두 점 (x_1, y_1), (x_2, y_2)를 지나는 직선에서

기울기 $=\dfrac{y_2-y_1}{x_2-x_1}=\dfrac{y\text{의 뒤에 것 빼기 }y\text{의 앞에 것}}{x\text{의 뒤에 것 빼기 }x\text{의 앞에 것}}$

이 됩니다.

좌표평면 위의 두 점을 알면 언제든지 기울기는 구할 수 있습니다. 기울기를 알면 거의 직선의 방정식을 좌표에 나타낼 수 있습니다. 한 가지 요소만 더 알게 되면 말입니다.

그게 뭐냐면? y절편 아니면 점의 좌표 1개입니다.

우선 y절편을 알고 있는 경우를 먼저 공부해 보겠습니다. 이것을 알려면 절편에 대한 공부를 잠시 해야 합니다. 번거롭더라도 절편에 대해 공부해 보겠습니다.

절편에는 두 종류가 있습니다. x절편과 y절편입니다. x절편은 일차함수직선의 방정식의 그래프가 x축과 만나는 점의 x의 좌표입니다. 즉, $y=0$의 값을 가질 때의 x의 값입니다.

반면, y절편은 일차함수의 그래프가 y축과 만나는 점의 y의 좌표입니다. 즉, $x=0$의 값을 가질 때의 y의 값입니다.

이렇게 힘들게 구한 절편들을 이용해 우리는 직선의 방정식, 일차함수를 구할 수 있습니다. 어떻게 구하냐고요? 어렵지 않아요. x절편과 y절편을 연결하면 그 직선이 바로 일차함수입니다.

y절편을 알고 기울기를 알면 그래프를 그릴 수 있지요. 다시 한번 더 이야기하지만 기울기란, 직선의 기울어진 정도를 수로 나타낸 것입니다.

실제로 한번 그려 보겠습니다.

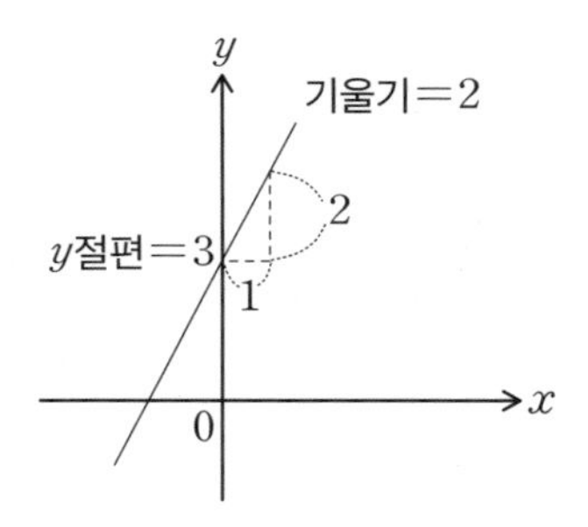

$y=2x+3$의 그래프입니다.

그다음으로 직선의 방정식을 구할 수 있는 경우는 기울기와 한 점의 좌표가 주어지는 경우로 그래프를 그릴 수 있습니다.

실제로 한번 그려 보겠습니다.

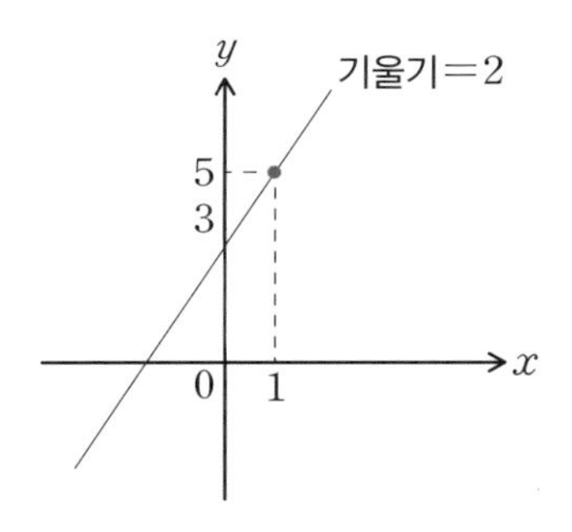

기울기가 2이고 점 $(1, 5)$를 지나는 직선의 방정식을 구하면 다음과 같습니다.

아 참! 빠뜨릴 뻔했습니다.

두 점의 좌표가 주어지더라도 직선의 방정식을 구할 수 있습니다. 약간의 식 계산이 좀 더 있지만 반드시 알아 두면 좋아요.

학생들의 편의를 위해서 문자보다는 숫자를 이용하여 식을 만들어 보이겠습니다.

두 점 $(-3, 2)$, $(1, -2)$를 지나는 직선을 방정식을 구해 보겠습니다.

일단은 두 점을 이용하여 두 점을 지나는 직선의 기울기가 $\frac{-2-2}{1-(-3)}=-1$이므로 구하는 직선의 방정식을 세워 보면, 아 참! 여기서 $(-3, 2)$나 $(1, -2)$ 중 하나를 선택하여 아무것이든 다 되지만 $(1, -2)$가 숫자가 더 작으니까 이것을 이용하겠습니다.

$y-(-2)=-(x-1)$로 만들 수 있습니다. 여기서 이해가 좀 안 되지요. 다음 식을 참조하겠습니다.

쏙쏙 이해하기

점 (a, b)가 있고 기울기가 k라면
다음과 같이 식을 세울 수 있습니다.
$y-b=k(x-a)$

$y-(-2)=-(x-1)$식도 그렇게 만들어졌습니다. (-2)가 있어서 중간에 부호 계산이 한 번 더 있다는 사실이 좀 힘들었지만 또 기울기가 -1이라서 괄호 앞에 붙여 줄 때 1을 생략한다는 것에 조심하면 됩니다.

고등수학이란 설명이 중간 중간 참 많이 들어가네요. 다시 $y-(-2)=-(x-1)$식으로 돌아와서 식을 정리해야 합니다.

따라서 $y=-x-1$이 됩니다. 중간 과정에 이항도 들어가고 동류항끼리 계산도 들어가 있습니다. 웃으면서 직선의 방정식 단원을 마치겠습니다.

스파이더맨과 람보는 어디 간 걸까요?

오세요. 지금부터는 정말 수학이 덜 들어가는 수업을 좀 해보겠습니다. 좌표평면에서 할 수 있는 것을 알아보는 시간을 갖겠습니다.

평면 위의 두 직선은 세 가지 위치 관계를 가집니다. 평행하거나 일치하거나, 한 점에서 만납니다. 이런 직선의 위치 관계를 좌표평면에 정확하게 나타낼 수 있습니다. 한 점에서 만날 때, 수직으로 만나는 경우도 좌표평면에 정확하게 표현할 수 있지요.

두 직선의 기울기의 곱이 -1이라는 수가 나오면 두 직선은 수직으로 만난다고 합니다. -1이 수직을 나타내는 수라는 사실이 신기하지 않아요?

삼각형의 수심을 구할 때도 좌표평면을 이용하면 매우 편리합니다. 삼각형의 각의 크기, 변의 길이 등이 주어져 있지 않은 경우, 도형을 좌표축 위로 옮기는 것이 좋습니다. 삼각형의 각 꼭짓점에서 대변 또는 그 연장선에 그은 세 수선의 교점을 '수심'이라 합니다. 도형을 좌표축 위로 옮길 때는 축이나 원점이 도형의 선분이나 꼭짓점과 겹치도록 잡아야 계산이 간단해집니다.

점과 직선 사이의 거리도 좌표평면을 이용하면 좋습니다. 직선 밖에 있는 한 점과 직선 사이의 거리는 최단거리, 즉 그 점에서 직선에 내린 수선의 발에 이른 거리입니다. 점과 직선 사이의 거리는 공식이 있습니다. 공식을 유도한 과정은 머리에 쥐가 나게 할 수 있으므로 공식만 보여 주겠습니다.

점과 직선 사이의 거리 공식

점 (x_1, y_1)과 직선 $ax+by+c=0$ 사이의 거리 d는

$d=\frac{|ax_1+by_1+c|}{\sqrt{a^2+b^2}}$입니다.

이런 게 있구나, 하고 넘어갑시다.

평면 위의 한 점으로부터 일정한 거리에 있는 점들의 집합을 원이라 하는데 이 역시 좌표평면 위에 나타낼 수 있습니다.

하나의 원은 세 개의 점으로 결정됩니다. 그래서 원의 방정식의 일반형을 $x^2+y^2+\mathrm{A}x+\mathrm{B}y+\mathrm{C}=0$와 같이 나타냅니다.

두 원의 위치 관계에서도 좌표평면은 유용하게 쓰입니다.

평면 위의 두 원은 서로 다른 두 점에서 만나거나, 접하거나, 만나지 않는 다양한 위치 관계를 가집니다.

두 원의 반지름의 길이와 중심 거리를 통해 두 원의 위치 관계를 알아볼 수 있습니다.

중심 거리와 반지름의 길이 사이의 대소 관계를 계산하는 것 외에도 좌표평면 위에 직접 원을 그려 보면 외접, 내접 등의 두 원의 위치 관계를 쉽게 알 수 있습니다.

여러 도형을 좌표평면 위에 나타내는 것을 쭉 알아봤습니다. 도형을 좌표평면에 움직이는 것에 대해 알아봅시다. 이러한 것을 변환이라고 하는데, 대표적인 것으로는 평행이동과 대칭이동이 있습니다. 평행이동이란 도형의 형태는 그대로 있으면서 그 위치만 변하는 것을 말합니다.

평행이동에는 점의 평행이동과 도형의 평행이동이 있습니다. 만약 원이라는 도형을 평행이동하면 원의 중심이 어떻게 이동했는지만 보아도 원 전체의 평행이동을 바로 알 수 있습니다. 도형의 평행이동은 모습이 그대로 유지되므로 평행이동한 원의 반지름의 길이는 처음의 반지름 그대로입니다.

도형의 평행이동은 도형 위 한 점의 이동만으로도 알 수 있습니다.

다음 대칭이동에 대해 알아보겠습니다. 대칭이동이란 대칭점이나 대칭축을 중심으로 도형을 접는 것을 말합니다. 할머니들이 손자 똥 누이고 신문지를 접는 것도 일종의 대칭을 이용하여 변을 가리는 행위입니다. 마치 미술 시간에 데칼코마니 같은 거죠. 하지만 신문은 절대 펼쳐 보지 마세요. 대칭이동에는 점대칭과 선대칭이 있습니다. 점대칭은 점을 중심으로 대칭이동시키는 것입니다. 선대칭에는 x축, y축에 대한 대칭이동, 원점에 대한 대칭이동, 직선 $y=x$에 대한 대칭이동 등이 있습니다. 학년이 올라가면 부등식의 영역이라는 단원이 나오는데 그 단원에서도 좌표평면을 이용하면 그냥 식을 가지고 이해한 것보다는 훨씬 수월하게 이해할 수 있습니다.

함수의 필수품으로 좌표평면이 등장합니다. 좌표평면은 한약방에서 감초 역할을 하고 양약에서는 진통 소염제와도 같은 역할을 담당하는 대단한 녀석입니다. 나도 이런 유용한 것을 어떻게 만들어 냈는지 신에게 감사합니다. 아마도 여러분이 가진 어떤 수학책을 펼쳐 보더라도 좌표평면이 없는 책은 없습니다. 대수학과 기하학을 연결해 주는 고리가 바로 좌표평면이니까요.

각을 좌표평면으로 옮겨서 더 많은 이야기를 나누고 싶지만 여러분이 좌표평면을 찾아보는 재미를 뺏고 싶지 않아 여기서 모든 강의를 마치려고 합니다.

람보와 스파이더맨도 우리 학생들의 건투를 빌면서 인사하세요.

"충성."

"안녕."

수업 정리

❶ 두 점 (x_1, y_1), (x_2, y_2)를 지나는 직선에서

기울기$=\dfrac{y_2-y_1}{x_2-x_1}=\dfrac{y\text{의 뒤에 것 빼기 }y\text{의 앞에 것}}{x\text{의 뒤에 것 빼기 }x\text{의 앞에 것}}$

❷ x절편은 일차함수직선의 방정식의 그래프가 x축과 만나는 점의 x의 좌표입니다. 즉, $y=0$의 값을 가질 때의 x의 값입니다.

❸ y절편은 일차함수의 그래프가 y축과 만나는 점의 y의 좌표입니다. $x=0$의 값을 가질 때의 y의 값입니다.

❹ 한 점과 기울기를 알면 $y=ax+b$라는 직선을 구할 수 있습니다.

❺ 점과 직선 사이의 거리 공식

점 (x_1, y_1)과 직선 $ax+by+c=0$ 사이의 거리 d는

$d=\dfrac{|ax_1+by_1+c|}{\sqrt{a^2+b^2}}$입니다.

NEW 수학자가 들려주는 수학 이야기 22

데카르트가 들려주는 좌표 이야기

ⓒ 김승태, 2008

3판 1쇄 인쇄일 | 2025년 5월 19일
3판 1쇄 발행일 | 2025년 6월 2일

지은이 | 김승태
펴낸이 | 정은영
펴낸곳 | (주)자음과모음

출판등록 | 2001년 11월 28일 제2001-000259호
주소 | 10881 경기도 파주시 회동길 325-20
전화 | 편집부 (02)324-2347, 경영지원부 (02)325-6047
팩스 | 편집부 (02)324-2348, 경영지원부 (02)2648-1311
e-mail | jamoteen@jamobook.com

ISBN 978-89-544-5218-2 44410
978-89-544-5196-3 (세트)

• 잘못된 책은 교환해 드립니다.